AUS DEM BAKTERIOLOGISCHEN INSTITUT
DER FORSCHUNGSANSTALT FÜR MILCHWIRTSCHAFT, KIEL
PROFESSOR DR. HENNEBERG

ÜBER BACTERIUM LINENS UND SEINE BEZIEHUNGEN ZU EINIGEN SEINER BEGLEITORGANISMEN IN DER KÄSEROTSCHMIERE BEIM EIWEISSABBAU IN MILCH

INAUGURAL-DISSERTATION

ZUR

ERLANGUNG DER DOKTORWÜRDE

DER

HOHEN PHILOSOPHISCHEN FAKULTÄT

DER

CHRISTIAN-ALBRECHTS-UNIVERSITÄT ZU KIEL

VORGELEGT VON

FRITZ STEINFATT

AUS SCHWERIN

KIEL 1929

Springer-Verlag Berlin Heidelberg GmbH 1929

Referent: Professor Dr. Henneberg
Korreferent: Professor Dr. Tischler
Tag der mündlichen Prüfung: 11. Mai 1929
Zum Druck genehmigt:
Kiel, den 14. Mai 1929.   Der Dekan: Rörig

ISBN 978-3-662-31328-2   ISBN 978-3-662-31533-0 (eBook)
DOI 10.1007/978-3-662-31533-0

Sonderdruck aus „Milchwirtschaftliche Forschungen". 9. Bd., 1./2. H.

MEINEN LIEBEN ELTERN

IN DANKBARKEIT

GEWIDMET

Inhalt.

A. Einleitung und Literaturangaben (S. 1).
B. Eigene Untersuchungen (S. 3).
   I. Isolierung und Arbeitsmethoden (S. 3).
   II. Bacterium linens (S. 7).
   III. Bacterium linens in Beziehung zu einigen seiner Begleitorganismen beim Eiweißabbau in Milch (S. 11).
      a) Bacterium linens und Milchsäurebakterien (S. 11).
      b) Bacterium linens und Mikrokokken (S. 17).
      c) Bacterium linens und Corynebakterien (S. 29).
      d) Bacterium linens und farbstoffbildende Kurzstäbchen (zweifelhafte Corynebakterien) (S. 38).
      e) Bacterium linens und Coli-Aerogenes-Bakterien (S. 41).
   IV. Besondere Symbioseerscheinungen (S. 44).
C. Zusammenfassung (S. 45).
Literaturnachweis (S. 49).

A. Einleitung und Literaturangaben.

Bei gewissen Käsesorten, wie Harzkäse, Romadour, Limburger, Camembert und Tilsiter tritt im Laufe der Reifung eine gelb- bis orangebraune Färbung der Oberfläche auf. Diese Erscheinung ist zurückzuführen auf zahlreiche verschiedene Arten farbstoffbildender Bakterien, die sich auf der Rinde ansiedeln und zusammen mit dem von ihnen oberflächlich gelösten Käseeiweiß eine rotbraune, schmierige Masse bilden, die Rotschmiere. In gut arbeitenden Käsereien finden sich diese „Rotbakterien" überall im Käsekeller, an den Wänden, auf den Brettern usw. Sie stellen sich spontan auf der Käseoberfläche ein und werden dann durch das Streichen von Käse zu Käse übertragen. Diese Bakterien sind für die richtige Reifung der Käse von großer Bedeutung. Durch proteolytische Fermente haben sie Anteil an dem Eiweißabbau von der Rinde her, ferner bedingen sie zum Teil das Käsearoma und verleihen der Rinde die für diese Käsesorten gewünschte rötlichbraune Farbe.

Es war sehr naheliegend, daß diese für die Praxis so wichtige Gruppe der Käserotbakterien genaueren wissenschaftlichen Untersuchungen unterworfen wurde. *Mazé*[35] isolierte verschiedene Bakterienstämme von reifendem Camembert und beobachtete den durch sie bewirkten Eiweißabbau in Milch. *Wolff*[47] züchtete aus der Käserotschmiere von Tilsiter-, Romadour- und Rahmkäse der Kieler Versuchsmolkerei mehrere gelbe und orange Kurzstäbchen und Kokken, und untersuchte eingehender die Farbstoffbildung und das Verhalten der einzelnen Stämme auf Quarg. Später, 1924, beschrieb *Peters*[40] eine größere Anzahl Kurzstäbchen und Kokken verschiedener Herkunft, die als Farbstoffbildner in der Schmiere der Weichkäse eine Rolle spielten. In diesen letzten beiden Arbeiten wurde in erster Linie — neben morphologisch-physiologischen Studien — die Farbstoffaromabildung behandelt. *Wolff* unterschied weiter nach dem Verhalten auf Quarg und nach der durch die Bakterien bedingten Reifung von Versuchskäsen zwischen wichtigen und weniger brauchbaren Stämmen. Dabei machte er besonders auf ein Kurzstäbchen aufmerksam, das durch seinen Caseinabbau und durch seine schöne Farbstoff- und Aromabildung auffiel. Nach den Angaben in einer späteren Arbeit[50] wurde dieses Bakterium auch im Rouge eines echten Camembertkäses in erheblicher Menge angetroffen. Nach dem Vorschlag von *Weigmann* wurde es als Bacterium linens bezeichnet, und wird heute als „Kieler Rotkultur" an die Käsereien in Reinkultur abgegeben.

Man schreibt nach den Ergebnissen aller bisherigen Versuche dem Bacterium linens eine besondere Bedeutung für die Käsereifung zu. Dabei muß man jedoch beachten, daß, abgesehen von der Mitwirkung von Lab, Säure, Kochsalz u. a., eine Reihe biologisch-enzymatischer Prozesse die Käsereifung hervorruft, daß die Flora des Käseinnern zusammenarbeitet mit der Flora der Rinde, daß mehrere physiologische Gruppen von Mikroorganismen mit- und nacheinander wirksam sind. Erst im Laufe der Reifung, 5—10—12 Tage nach der Herstellung der Käse, entwickeln sich die Rotbakterien auf der Rinde und können nun in den Prozeß der Reifung eingreifen. Sie verdrängen dabei langsam die vorher auf der Oberfläche herrschende Flora. Es kommt also stets, selbst bei Anwendung von Bacterium linens-Reinkulturen zum Streichen der Käse, zu Wechselbeziehungen zwischen Bacterium linens und den auf der Oberfläche vorhandenen Mikroben einerseits und zwischen Bacterium linens und der im Innern durch ihre Fermente wirksamen Käseflora andererseits.

Die zur Bezeichnung von Wechselbeziehungen und ihren besonderen Erscheinungsformen gebrauchten Ausdrücke werden in der Literatur nicht immer in demselben Sinne angewandt. Es sollen hier kurz die eindeutigen und übersichtlichen Ausführungen von *Behrens*[32] mitgeteilt werden, um später darauf zurückgreifen zu können. Die in der Natur sehr häufig zu beobachtende Erscheinung von Wechselbeziehungen zwischen einzelnen oder Gruppen von Mikroorganismen nennt man schlechthin Symbiose, d. h. verbundene Lebensführung. Nach der Art des Verhaltens zweier Mikroben bei wechselseitiger Einwirkung unterscheidet man folgende Einzelfälle der Symbiose:

1. Die Conjunctsymbiose. Hier liegt eine besonders feste Verbundenheit unter den Organismen vor, wobei beide Arten ihren Vorteil haben können (Mutualismus), oder nur eine Art, zum Schaden der anderen (Parasitismus).

2. Die Disjunktsymbiose. Es besteht kein so fester Zusammenhang zwischen den beiden symbiontischen Formen, doch üben die Produkte der Lebensführung der einen Art einen günstigen (Metabiose) oder ungünstigen Einfluß auf die andere Art aus (Antagonismus).

Bei früheren Untersuchungen über die Käserotbakterien wurden einige Fälle von Symbiose bereits mit in Betracht gezogen. So sagt *Peters*[40] u. a., daß das Verhalten dieser Bakterien zu anderen Käseorganismen durch die ausschließlich alkalische Bevorzugung des Nährbodens als eine Metabiose diesen gegenüber gekennzeichnet ist. *Mazé*[35] fand, daß 8 von ihm isolierte Stämme sich nicht gleichzeitig in Milch entwickelten, sondern gemäß dem Widerstand gegenüber dem Säuregrad der geronnenen Milch nacheinander; und zwar erschienen die Widerstandsfähigsten zuerst und bereiteten durch die Alkalibildung den Boden für die „Schwächeren" vor. *Wolff*[47] machte die außerordentlich interessante Beobachtung, daß Versuchskäse bessere Reifungserscheinungen zeigten, wenn zum Bestreichen der Käseoberfläche statt Reinkulturen Mischungen von Bacterium linens mit einem zitronengelben Kurzstäbchen angewandt wurden.

Hieran wurden von mir weitere Versuche angeschlossen, die sich auf für die Praxis wichtige Fragen bezogen. So wurde vor allen Dingen durch zahlreiche chemische Analysen der Eiweißabbau des Bacterium linens näher studiert. Außerdem wurde eine größere Zahl verschiedener anderer Bakterien von der Käseoberfläche in derselben Richtung untersucht und die Beziehungen dieser Stämme zu Bacterium linens erforscht, wobei der Eiweißabbau in Symbiose besondere Berücksichtigung fand. Derartige Symbiosestudien sind für die Praxis der Käserei von Bedeutung. Es sind nämlich in der Literatur Fälle bekannt, wo die normale Eiweißzersetzung einer Bakterienart durch das Zusammenarbeiten mit einem anderen Stamm in wesentlich andere Bahnen gelenkt wurde.

Löhnis[34] berichtet über die Ergebnisse eines solchen Versuches. Es handelte sich um ein säure- und labbildendes Stäbchen, B. Casei limburgensis und um micrococcus casei liquefaciens, die beide bei der Reifung von Backsteinkäse nach Limburger Art eine hervorragende Rolle spielen. Die gebildeten Mengen an löslichem Stickstoff, Amid-Stickstoff und Ammoniak-Stickstoff ausgedrückt in Prozenten des Gesamt-Stickstoffs waren folgende:

	Lösl. N.	Amid-N.	NH_3-N.
B. casei limburgensis	1,26	−1,50	1,13
M. casei liquefaciens	51,06	6,06	1,13
Die Mischkultur beider Arten	78,28	31,88	9,30

Grimmer und *Brand*[22] untersuchten den Caseinabbau von Bacillus mesentericus in Symbiose mit Paraplectrum foetidum. Bei der Einwirkung von Bacillus mesentericus auf Casein entstanden reichlich Aminosäuren und Amine, dagegen wenig Ammoniak und flüchtige Säuren. In Symbiose mit Paraplectrum foetidum ging der Abbau weiter, und es wurden Fettsäuren und Ammoniak in großer Menge gebildet.

B. Eigene Untersuchungen.

I. Isolierung der Stämme und Arbeitsmethoden.

Durch einige Voruntersuchungen war die Anwesenheit des Bacteriums linens auf im Keller der Versuchsmolkerei der Kieler Foschungsanstalt lagernden Tilsiter- und Frühstückskäsen festgestellt worden. Darauf wurden weitere Stämme isoliert. Es sollten nun nicht nur die mit Bacterium linens zusammen in der Schmiere vorkommenden Bakterien berücksichtigt werden, sondern auch diejenigen, welche vor der Entwicklung der Rotschmiere auf dem Käse eine Rolle spielten. Aus diesem Grunde wurden stets Proben entnommen von Käsen, die sich in verschiedenen Stadien der Reifung befanden, nämlich: I. 2—4 Tage nach dem Salzen, II. 8 Tage alt, zu Beginn der Schmierebildung, und III. 4 Wochen alt, mit schöner orange Schmiere. Die Isolierung geschah nach dem Plattenverfahren bei Zimmertemperatur; es wurden nur Bakterien berücksichtigt. Chinablauagar erwies sich als recht brauchbar, da er ohne weiteres die Säurebildner an der Tiefblaufärbung erkennen ließ. Durch nähere Beobachtung der Kolonie und nach dem mikroskopischen Bild der Bakterien ließ sich ungefähr angeben, zu welcher größeren Gruppe der betreffende Stamm gehörte. Auf diese Weise wurden in der Schmiere vorherrschende Gruppen von Bakterien leicht erkannt. Durch einen Zusatz von 3% Kochsalz zum Nähragar wurden zufällig anwesende und an das Leben auf der salzhaltigen Käserinde nicht angepaßte Arten wenigstens zum Teil ausgeschaltet. Durch wiederholte Plattenpassage wurden Reinkulturen erhalten. Von den isolierten 112 verschiedenen Bakterien wurden 19 zur genaueren Untersuchung ausgewählt. Auf der Rinde von frischem Käse, 2 Tage nach dem Salzen, kamen in erster Linie Milchsäurebakterien, Kokken und Stäbchen, vor. Daneben war die Gruppe der Säure-Lab-Kokken sehr zahlreich vertreten. Von diesen Bakterien wurden näher untersucht: Nr. 1 (ein Streptobacterium casei var.), Nr. 2 (ein Streptococcus lactis var.), Nr. 7, 10 und 12 (Säure-Lab-Kokken). Proben von 8 Tage alten Käsen, die gerade anfingen die Orangeschmiere zu bilden, zeigten folgende Zusammensetzung: Bei weitem am zahlreichsten waren die Säure-Lab-Kokken, daneben wurden mehr oder weniger farbstoffbildende Kurzstäbchen, Corynebakterien und Coli-Ärogenes-Bakterien gefunden. Die Zahl der echten Milchsäurebakterien war stark zurückgegangen. Bei einigen Proben wurden die Stämme 1 und 2 wiedergefunden, 7 und 12 kamen noch häufiger vor. Es wurden hier isoliert die später beschriebenen Stämme: Bacterium linens, die Mikrokokken 8, 9, 10, 13 und 14, die Corynebakterien 18, 19 und 20, ein orange Kurzstäbchen Nr. 5 und ein ärogenesähnlicher Stamm 3. Auf etwa 4 Wochen alten Käsen, die eine sehr schöne orange Schmiere gebildet hatten, waren meist die Kokken noch immer in überwiegender Zahl vorhanden, dann folgten die Kurzstäbchen und Corynebakterien. Milchsäurebakterien sowie die Gruppe der Coli-Ärogenes-Bakterien waren nur noch sehr schwach vertreten. Die Stämme 12, 14, 9 und Bacterium linens wurden auch hier fast in allen Proben wieder beobachtet. Zur genaueren Bearbeitung kamen neu hinzu die Corynebakterien 15 und 16 und der coliähnliche Stamm 4.

Nach Mitteilung von Herrn Prof. *Henneberg* wurden die Stämme 3, 5, 7, 11, 14, 15, 16, 17, 18, 19 und 20 auch früher schon aus der Käseschmiere isoliert und befinden sich in der Sammlung des Instituts. Bei einem Vergleich der Kulturen wurden Übereinstimmungen festgestellt. Ein in der Sammlung als Stamm 6 bezeichnetes orange Kurzstäbchen, bei früheren Untersuchungen auf Käse gefunden, fiel wegen seiner großen Ähnlichkeit mit Bacterium linens auf hinsichtlich der Farbe und der morphologischen Eigenschaften. Es ist sehr wohl möglich, daß es deshalb von mir übersehen wurde. Zum Zwecke eingehender Studien über den Eiweißabbau im Vergleich zu Bacterium linens wurde dieser Stamm von mir als Stamm 6 weitergeführt und untersucht.

Die Kulturen wurden nach der Reinheitsprüfung im Federstrich mit Ausnahme der Milchsäurebakterien auf Bouillonschrägagar geimpft und aufbewahrt. Ein Zusatz von 10—20% Kartoffelsaft förderte das Gedeihen der Bakterien erheblich. Die Milchsäurebakterien wurden in Kreidemaische weiter gezüchtet. Jeden zweiten Monat wurden die Kulturen einmal durch Milch geschickt zur Auffrischung.

Die weitere Bearbeitung der Stämme erstreckte sich zunächst auf allgemeine morphologische und physiologische Untersuchungen. Außerdem wurde durch quantitativ-chemische Analysen der durch sie bewirkte Eiweißabbau in Milch verfolgt. Anschließend hieran wurden sie näher studiert in Wechselwirkung mit Bacterium linens. Dabei wurde beobachtet: 1. Das Verhalten der beiden Stämme zueinander auf Labquarg, in Milch und auf Milchagarplatten. 2. Der Milcheiweißabbau in Symbiose, quantitativ-chemisch gemessen.

Über einzelne Methoden mag vorweg folgendes bemerkt werden:

Auf Fettspaltung wurde allgemein geprüft nach der Vollmilch-Federstrich-Methode von *Henneberg*[26]. Die Beobachtungszeit dehnte sich bis auf 2 Monate aus.

Zur Feststellung der Gelatineverflüssigung diente einfache Bouillongelatine, ferner 2 proz. Traubenzucker- und 2 proz. Milchzuckergelatine.

Die Zuckersäuerung wurde bei allen Stämmen in einer Mischung von Bouillon und Hefewasser zu gleichen Teilen unter Hinzufügung von 2% des betr. Zuckers beobachtet.

Auf Schwefelwasserstoffbildung wurde über einer gut gewachsenen Bouillonkultur mit Bleiacetatpapier geprüft. Zur Kontrolle kamen Bouillonagar-Bleicarbonatplatten zur Anwendung.

Bei mehreren Stämmen wurde die Ausnutzung einzelner Stickstoffquellen untersucht. Da durchweg alle ein ausgesprochenes Oberflächenwachstum zeigten, wurde nicht mit Flüssigkeiten, sondern mit Schrägagarröhrchen gearbeitet. Ein künstlicher Nähragar enthielt die wichtigsten Salze und hatte folgende Zusammensetzung:

$$0,1\ K_2HPO_4 \qquad 0,05\ NaCl$$
$$0,05\ KH_2PO_4 \qquad 0,05\ CaCO_3$$
$$0,05\ MgSO_4 \qquad 2,0\ Agar$$
$$\text{auf 100 destilliertes Wasser.}$$

Diesem Nähragar wurden die einzelnen Stickstoffquellen in verschiedenen Mengen zugesetzt, und zwar:

Pepton	2%	Glykoll	2%	Harnstoff	2%
Asparagin	2%	Tyrosin	1%		
Leucin	1%	Alanin	1%		

In ähnlicher Weise wurde die Ausnutzung verschiedener N-Quellen in flüssigen Nährböden von *Peters*[40] untersucht. Auf Agar war jedoch nach meinen Erfahrungen das Wachstum der vorliegenden Stämme besser zu beobachten.

Für die Untersuchungen über den Eiweißabbau wurde Magermilch genommen. Je 100 ccm Milch, ausgewogen und in Erlenmeyerkolben sterilisiert, wurden mit den betreffenden Stämmen beimpft. Bei den Symbiosestudien kam es darauf an, bei allen Milchproben Bacterium linens in ungefähr gleicher Zahl einzusäen und die übrigen Stämme dann in einem bestimmten Verhältnis hierzu. Von 3 Tage alten Schrägagarkulturen wurde eine bestimmte Anzahl gleicher Ösen in je 20 ccm steriles Wasser gebracht und durch Schütteln eine gleichmäßige Aufschwemmung von ungefähr bestimmtem Keimgehalt hergestellt. Von diesen Bakterienaufschwemmungen kamen auf die einzelnen Kolben mit je 100 ccm Milch:

1. 1 ccm Stamm a
2. dasselbe
3. 1 ccm Bct. linens
4. dasselbe
5. unbeimpft
6. unbeimpft
7. 1 ccm Stamm a und 1 ccm Bct. linens
8. $^1/_2$ ccm Stamm a und 1 ccm Bct. linens
9. $^1/_4$ ccm Stamm a und 1 ccm Bct. linens.

2 Proben dienten also den Untersuchungen des Eiweißabbaues der betreffenden Stämme allein, 2 wurden mit Bacterium linens beimpft. Diese 4 Kolben bildeten dann gleichzeitig die Kontrolle für die 3 anderen Milchen, wo die genannten Stämme in verschiedenen Mengen mit Bacterium linens zusammen eingesät wurden. 2 Proben blieben als Kontrolle für die ganze Versuchsreihe unbeimpft.

Durch gleichzeitige Herstellung von Keimzählplatten wurde die Einsaat ermittelt. Darauf wurden die Milchen im Käsekeller bei einer Temperatur von nahezu konstant 15° 2 Monate lang aufbewahrt, auftretende Veränderungen beobachtet und notiert. Dann wurden die Kolben geöffnet und auf Reinheit der Kulturen geprüft. Dies geschah mittels Bouillonagarplatten, durch Abimpfung einiger Ösen in Bouillon oder durch Anfertigen von Federstrichen. Außerdem wurden die Bakterien stets im direkten mikroskopischen Präparat beobachtet. Nachdem die durch das Beimpfen oder durch Verdunstung entstandenen Differenzen durch Wasserzugabe ausgeglichen waren, begannen die chemischen Analysen*. Durch quantitative Bestimmung gewisser Gruppen von Eiweißspaltprodukten wurde die Art des Abbaus charakterisiert. Die Ausführung der Analysen geschah unter Benutzung der Angaben von *Engel* und *Schlag*[11], *Grimmer*[21], *van Slyke*[42], *Jensen*[29], *Huesmann*[28] und *Trüper*[45].

Es wurde bestimmt:

1. Der Gesamt-Stickstoff: 10 ccm Milch wurden nach *Kjeldahl* mit 20 ccm H_2SO_4 und $HgSO_4$, $CuSO_4$ und K_2SO_4 als Katalysatoren verbrannt, das Ammoniak in 50 ccm $n/10$ H_2SO_4 überdestilliert und mit Kongorot als Indikator gegen $n/10$ NaOH titriert. Aus den verbrauchten ccm $n/10$ H_2SO_4 berechnete sich der Wert für Stickstoff.

2. Der Casein-Stickstoff: 10 ccm Milch wurden mit 50 ccm Wasser verdünnt und bei 40° mit gesättigter Kaliumalaunlösung versetzt bis keine Ausflockung mehr erfolgte. Nach 24 Stunden wurde filtriert, der Niederschlag gut ausgewaschen und weiter wie oben nach *Kjeldahl* verbrannt und der Stickstoffwert ermittelt. Alaun fällte das gelöste Eiweiß (Casein, Paracasein und Albumosen) sowie die Zellsubstanzen.

Durch Subtraktion, Gesamt-N minus Casein-N, ließ sich der nach der Alaunfällung noch in Lösung befindliche Stickstoff errechnen, der von mir stets als löslicher Stickstoff bezeichnet und in den Tabellen aufgeführt wird.

3. Der Pepton-Stickstoff: Im Filtrat des Caseinniederschlags wurden durch *Almensche* Gerbsäurelösung Albumin, Globulin und höhere Peptone ausgefällt, nach 24 Stunden abfiltriert und der Niederschlag weiter nach *Kjeldahl* behandelt.

4. Der Aminosäuren-Stickstoff: 10 ccm Milch wurden im 100 ccm Meßkolben mit 25 ccm H_2SO_4 (25%) und 25 ccm Phosphorwolframsäurelösung (10%) versetzt. Nach etwa 18 Stunden wurde auf 100 ccm aufgefüllt, der Niederschlag abfiltriert und in 50 ccm des Filtrates (= 5 ccm Milch) der Stickstoffwert wie oben ermittelt.

Im Filtrat der Phosphorwolframsäurefällung befinden sich die Aminosäuren.

5. Der Ammoniak-Stickstoff: 10 ccm Milch wurden mit Wasser verdünnt und im Claisen-Kolben mit Magnesiumoxyd bei 15 mm Druck und 35° eine halbe Stunde lang der Vakuumdestillation unterworfen, das übergehende Ammoniak in 50 ccm $n/10$ H_2SO_4 aufgefangen. Um das Schäumen der Milch zu verhindern, wurden mit gutem Erfolg 2—4 Tropfen Oktylalkohol zugesetzt.

Die Menge des löslichen Stickstoffs gibt ein Bild von dem ganzen Umfang der Eiweißspaltung, durch den Pepton-, Aminosäuren- und Ammoniak-Stickstoff wird der weitere Abbau gekennzeichnet. In den Tabellen sind die einzelnen Werte in Prozenten des Gesamt-Stickstoffs angegeben. Soweit nicht besonders vermerkt sind die Resultate der unbeimpften Kontrollmilchen stets abgerechnet, so daß die Zahlen direkt die Leistungen der Bakterien angeben.

Zur Prüfung der Reaktion der Milch diente im allgemeinen Lackmus. Soweit es bei der oft sehr stark verfärbten Milch noch möglich war wurden außerdem Titrationen ausgeführt, Phenolphthalein als Indikator.

Mit diesen quantitativen Milchuntersuchungen liefen zum Vergleich parallel Versuche in Milchröhrchen. Da nun der Abbauprozeß in Milch wegen des etwa 20 mal so großen Wassergehaltes und wegen des vorhandenen Milchzuckers sicher etwas anders verläuft als im Käse, wurden, um die Werte der Milchuntersuchungen auf die Verhältnisse im Käse übertragen zu können, vergleichende Versuche mit sterilem Labquarg, wie er zur Herstellung der Frühstückskäse Verwendung findet, angestellt. Sie erstreckten sich auf die direkte mikroskopische und makroskopische Beobachtung der eintretenden Veränderungen, sowie auf die Prüfung von Geruch und Geschmack der Proben.

Besondere Untersuchungen über das Verhalten der Stämme zu Bacterium linens wurden nach der von *Garrè*[15] beim Studium des Antagonismus angegebenen Plattenmethode ausgeführt. *Garrè* impfte zwei verschiedene Stämme gekreuzt oder

---

* Herrn Prof. Dr. *Burr* sage ich für die Unterstützung bei der Ausführung der chemischen Arbeiten meinen verbindlichsten Dank.

in parallelen Strichen auf Bouillonagarplatten und beobachtete nun bei gewissen Arten Wachstumshemmungen auf den einander zugewandten Seiten des Impfstriches. Durch kleinere Abänderungen dieser Methode wurden im allgemeinen noch bessere Resultate erhalten. Dabei wurde folgendermaßen verfahren: Ein Stamm wurde zahlreich in den noch flüssigen Agar eingesät, die Platten gegossen, und nun der andere Stamm auf den erstarrten Agar als große Kolonie mit der Öse darauf geimpft.

Nach einigen Tagen zeigte sich eine von folgenden Erscheinungen:

1. Um die große Kolonie herum hatten sich die kleinen Kolonien vollkommen gleichmäßig auf der ganzen Platte entwickelt. Eine gegenseitige Beeinflussung der beiden Stämme war offenbar nicht eingetreten.

2. Die kleinen Kolonien wuchsen schneller und kräftiger in der Nähe der großen Kolonie. Durch diese Wachstumsförderung wurde ein Fall von Metabiose demonstriert.

3. Die kleinen Kolonien fanden sich erst in einem mehr oder weniger weiten Abstand von der großen Kolonie. Die offenbare Wachstumshemmung deutete auf Antagonismus hin.

Wurde statt des gewöhnlichen Nähragars Milchagar [7,8] in Platten verwandt, so traten häufiger außerdem besondere Aufhellungszonen auf, die Änderungen im normalen Caseinabbau anzeigten.

Bei der großen Zahl der Möglichkeiten ist es sehr schwer zu entscheiden, worin die Ursachen für die beobachteten Erscheinungen der Wachstumsförderung oder Hemmung zu suchen sind. *Pringsheim*[41] macht auf diese Schwierigkeiten unter besonderer Berücksichtigung der Plattenversuche aufmerksam. Es sei hier das Wichtigste angeführt.

1. Gegenseitige Entziehung von Nährstoffen wirkt für beide Organismen gleich hemmend, wenn nicht einer von ihnen schneller wächst.

2. Eine Art schließt Nährstoffe auf, die von dem anderen Stamm nun schneller und leichter aufgenommen werden und damit wachstumsfördernd wirken.

3. Schädliche Stoffwechselprodukte der einen Art können eine Reizwirkung, darüber hinaus aber eine Wachstumshemmung oder gar Abtötung bei der anderen Art hervorrufen.

4. Stoffwechselprodukte, deren Anhäufung für den einen Organismus schädlich ist, werden durch den anderen weiter verarbeitet.

5. Der eine Stamm verändert die Reaktion des Nährbodens in einer für die andere Art günstigen oder ungünstigen Weise.

6. Eine Summierung mehrerer Faktoren macht eine Erklärung der Erscheinungen bedeutend schwieriger.

Auf diese Fragen nach den Ursachen konnte stets nur ganz kurz eingegangen werden. Der Wert der Milchagarplattenversuche lag in der Erkennung und Demonstration von Bakteriensymbiosen.

II. Bacterium linens.

In allen Proben der Käserotschmiere wurde das von *Wolff*[47] beschriebene Bct. linens nur in verhältnismäßig geringer Menge angetroffen.

Auf dem 14 Tage alten Käse herrschten zweifellos Kokken vor und auch später waren Kokken, Kurzstäbchen und andere Corynebakterien in überwiegender Zahl vorhanden.

Mit Hinweis auf genaue Beschreibungen dieses Bakteriums von *Wolff*[47], *Henneberg*[27], und *Peters*[40] sollen nur die wichtigsten Eigenschaften kurz hervorgehoben werden.

Bacterium linens wuchs als unbewegliches Kurzstäbchen von etwa $0,6 \times 0,8$ — $1\,\mu$, doch war die Form und auch die Größe sehr schwankend. Auf Labquarg und in Milch konnten kräftigere und längere Stäbchen beobachtet werden, die Zellen zu Fäden zusammenhängend. Besonders in älteren Bouillonkulturen sah man häufiger abweichende Formen, Stäbchen, an einem Ende keulenförmig angeschwollen, daneben ganz kleine Zellen, fast kokkenförmig. Sternförmige und palisadenförmige Zusammenlagerungen wurden in Federstrichen gelegentlich, spitzwinkliges Zusammenliegen zweier Stäbchen sehr häufig beobachtet. *Kisskalt* und *Berend*[31] fanden dies typisch für die Corynebakterien. Bei Beobachtungen an Corynebacterium diphtheriae kam es bei der Vermehrung der Zellen zunächst zu einer Durchschnürung in der Mitte, dann streckten sich die beiden Stäbchen. Da sie sich mit den etwas zugespitzten Zellenden berührten, kam es plötzlich — vielleicht durch Aufstoßen auf ein Hindernis — zur Bildung dieser V-Form.

Bacterium linens wuchs bei Temperaturen zwischen 37° und 9°, am besten bei 30—20° und bevorzugte alkalische Nährböden. In Bouillon von verschiedenem p_H zeigte sich nach 10 Tagen bei p_H 6,2 noch kein Wachstum, von p_H 6,6—8,4 steigend schwache bis starke Trübung der Röhrchen. Auf Bouillonagar bildeten sich sehr schöne, feuchtglänzende, orange Kolonien. Auf Kartoffel war das Wachstum etwas mäßiger, die Kartoffel wurde dunkel verfärbt. Quarg wurde sehr bald schön orange und dabei stark abgebaut. Der Geruch und Geschmack war angenehm käsig. Gelatine wurde verflüssigt, muldenförmig. Bei Milchzucker- und Traubenzuckergelatine schritt die Verflüssigung viel langsamer vorwärts. Diese Erscheinung wurde auch bei allen anderen hier behandelten Bakterien beobachtet, und ist nach *Auerbach*[2] auf eine direkte Hemmung in der Bildung der Fermente durch Zucker zurückzuführen. Milchfett wurde angegriffen. Nach 20 Tagen waren im Vollmilchfederstrich die Fettkügelchen korrodiert und zum Teil schon in feine Kristallmassen verwandelt. Dieser Prozeß verlief weiter und nach 1½ Monaten sah man fast nur noch Kugeln aus feinsten Kristallen durchsetzt mit einigen größeren, meist gebogenen Nadeln. Zucker wurden nicht gesäuert. Die Versuche wurden angestellt mit Glucose, Lactose, Saccharose, Galactose, Glycerin, Mannit, Arabinose, Raffinose, mit Dextrin und dem Glucosid Salicin. Selbst in einer 72tägigen Milch, die total durch Bacterium linens abgebaut war, konnte durch quantitativ chemische Analysen eine Verringerung des Milchzuckergehaltes nicht nachgewiesen werden.

Die früheren Untersuchungen wurden weiter ergänzt durch genauere Studien über den Eiweißabbau in Milch. Bei 37° wurde Milch offenbar nur wenig angegriffen, nach einem Monat war eine unvollständige Gerinnung eingetreten, die Farbe rötlich und die Reaktion gegen Lackmus alkalisch. Bei 30° ging die Zersetzung offenbar am schnellsten vor sich. Schon nach 7 Tagen war die Milch etwas orange, nach 13 Tagen rötlich und alkalisch, dann wurde sie dunkler und der orange Farbton trat mehr und mehr hervor. Bei 18 und 15° traten die Veränderungen der Milch ungefähr gleich schnell, jedoch langsamer als bei 30° auf, verliefen im übrigen aber in derselben Weise. Der gleichzeitig hiermit auftretende Säurerückgang wurde durch einige Titrationen verfolgt. Eine Milch, mit Bacterium linens beimpft, wurde nach verschiedenen Zeiten mit $n/10$ KOH titriert, Phenolphthalein als Indikator.

Auf 100 ccm Milch kamen nach:

	0 Tagen	11 Tagen	17 Tagen	22 Tagen
ccm $n/10$ KOH	22,00	15,00	12,00	?
Farbe der Milch ...	weiß	schwach orange	deutlich orange	intensiv orange

Am 22. Tag war eine Titration gegen Phenolphthalein wegen der starken Verfärbung der Milch nicht mehr möglich.

Über Bacterium linens beim Eiweißabbau in Milch.

Der Eiweißabbau in Milch wurde durch quantitativ-chemische Analysen näher erforscht. Die Resultate sind in Tabellen zusammengestellt. Die ersten Versuche wurden bei Zimmertemperatur ausgeführt, die zwischen 18 und 21° schwankte. 6 Proben derselben Milch wurden gleichmäßig mit einer Öse Schrägagarkultur beimpft, und je 2 Milchen zusammen mit einer Kontrolle nach verschiedenen Zeiten analysiert. Die Tab. 1a enthält die Zahlen so wie sie gefunden wurden. Bei 1b sind die Resultate der Kontrollen von den Bacterium linens-Werten in Abzug gebracht, so daß hier allein die durch die Bakterien erzeugten Mengen an löslichem N, Aminosäuren- und Ammoniak-Stickstoff angegeben sind.

Tabelle 1a. *Der Eiweißabbau in Milch durch Bacterium linens nach verschiedenen Zeiten bei 18—20°.*

	Nach 25 Tagen			Nach 45 Tagen			Nach 72 Tagen		
	linens	linens	Kontrolle	linens	linens	Kontrolle	linens	linens	Kontrolle
Löslicher N. . .	42,39	41,23	15,00	60,67	62,19	14,07	61,27	57,73	14,82
Pepton-N. . . .	10,55	9,61	9,24	3,06	5,85	8,81	3,36	2,42	9,04
Aminosäuren-N.	16,14	18,43	4,93	33,90	35,55	4,32	30,13	31,09	4,84
Ammoniak-N. .	4,59	3,88	0,84	17,66	16,22	0,74	22,27	22,34	0,75
Bemerkungen. .	blaß-orange			orange linens-Haut			dunkelorange		

Tabelle 1b. *Die Leistungen des Bacterium linens (nach Abzug der Kontrollen.)*

	Nach 25 Tagen		Nach 45 Tagen		Nach 72 Tagen	
	linens	linens	linens	linens	linens	linens
Löslicher N. . .	27,39	26,23	46,60	48,12	46,45	42,91
Pepton-N. . . .	1,31	0,37	— 5,75	— 2,96	— 5,68	— 6,62
Aminosäuren-N.	11,21	13,50	29,58	31,23	25,29	26,25
Ammoniak-N. .	3,75	3,04	16,92	15,48	21,52	21,59

Es war folgendes daraus ersichtlich:

1. Die Bildung von löslichem Stickstoff erreichte ein Maximum mit etwa 50% des Gesamt-Stickstoffs. Bei längerer Aufbewahrung der Kultur nahm diese Menge wieder ab; die Eiweißspaltprodukte wurden offenbar zum Aufbau der Zellen verbraucht.

2. Bacterium linens bildete anfangs geringe Mengen Peptone. Später wurden die Peptone schneller abgebaut als eine Neubildung aus dem Eiweiß erfolgte. Dabei sank der Stickstoffwert unter den der Kontrolle.

3. Der Aminosäuren-Stickstoff zeigte ebenso wie der lösliche Stickstoff ein Stadium langsamen Anwachsens, des Maximums und des Rückgangs. Maximal wurden etwa 30% des Gesamt-Stickstoffs als Aminosäuren-Stickstoff gefunden. Auch die Zeiten des Maximums an löslichem und Aminosäuren-Stickstoff schienen ungefähr zusammenzufallen und waren nach etwa 45 Tagen bei Zimmertemperatur erreicht.

4. Bei der Bildung des Ammoniak-Stickstoffs dagegen war ein ständiger Anstieg zu beobachten, erst langsam beginnend (1. bis 25. Tag), dann stärker verlaufend (25. bis 45. Tag) und darauf weiter wieder langsamer fortschreitend (45. bis 72. Tag).

Bei Untersuchungen über das Caseinspaltungsvermögen einiger Milchsäurebakterien fand *Barthel*[3], daß jeder Stamm ein spezifisches Maximum an löslichem

Stickstoff bildete. Da Konzentrationsänderungen im Nährboden hieran nichts änderten, folgerte *Barthel*, daß jede Art durch spezifische Fermente nur einen gewissen Teil des Caseinkomplexes zu spalten vermöchte. Nachdem dies geschehen, wäre eine weitere Bildung löslichen Stickstoffs nicht mehr möglich und somit das Maximum erreicht.

In ähnlicher Weise würde vielleicht durch die begrenzte Wirkungsweite der Fermente des Bacterium linens die Entstehung des Maximums an löslichem Eiweiß erklärt werden können. Der Rückgang des löslichen Stickstoffs in älteren Kulturen war vielleicht auf die weiter fortschreitende Zellvermehrung zurückzuführen. Alaun fällte auch die Zellsubstanzen mit aus, und somit verschwand ein Teil der vorher vorhandenen löslichen Stickstoffkörper. Wahrscheinlich wurden u. a. auch die Aminosäuren von Bacterium linens zum Zellaufbau verwendet. Damit würde der gleichzeitige Rückgang der Aminosäuren verständlich werden. Mit Hilfe von künstlichen Nährböden konnte nachgewiesen werden, daß Bacterium linens Pepton und Aminosäuren als Kohlenstoff- und Stickstoffquelle zugleich ausnutzen konnte. So wurde mehr oder weniger starkes und typisches Wachstum beobachtet auf Pepton-, Tyrosin-, Leucin, Asparagin-, Glykokoll- und Alanin-Nähragar. Bei Harnstoffzusatz trat keine Entwicklung ein.

Ein zweiter Versuch diente dem vergleichenden Studium des Eiweißabbaus von Bacterium linens in Milch und Kreidemilch. 4 Proben wurden mit der gleichen Menge einer Bakterienaufschwemmung beimpft, 2 Milchen enthielten 2% Kreide. Von Anfang an entwickelte sich Bacterium linens hier früher und stärker. Während aber die einfache Milch langsam eine schön orange Farbe annahm, die im Laufe des Versuchs immer intensiver wurde, wurde die Kreidemilch bald dunkel und mißfarben.

Nach 2 Monaten Aufbewahrung bei 15° wurde analysiert (siehe Tab. 2). Im wesentlichen konnte nur eine Vermehrung des Ammoniak-Stickstoffs in der Kreidemilch festgestellt werden.

Tabelle 2.
Bacterium linens in Milch und Kreidemilch nach 2 Monaten bei 15°.

	Milch	Milch	Kreidemilch	Kreidemilch
Löslicher N.	50,83	50,64	50,00	49,81
Aminosäuren-N.	30,23	28,46	30,42	30,23
Ammoniak-N.	8,53	6,74	11,89	12,38

In ähnlicher Weise wurde von *Grimmer, Bodschwinna* und *Lignau*[24] bei Untersuchungen über den Caseinabbau von Oidium lactis durch Calciumcarbonatzusatz eine Förderung in der Tiefe des Abbaus beobachtet.

Untersuchungen über die Eiweißzersetzung von Bct. linens wurden häufiger wiederholt, und zwar bei der in der Praxis im Käsereifungskeller gegebenen Temperatur von 15° C. (vgl. Tabelle 3). Die untereinander bestehenden geringen Abweichungen sind wohl in der Hauptsache dadurch zu erklären, daß für die zu ganz verschiedenen Zeiten angestellten Versuche nicht die gleichen Milchen zur Verwendung kamen. Im allgemeinen war jedoch der Abbau in der gleichen Weise verlaufen. Es wurden etwa 50% des Gesamtstickstoffs in lösliche Produkte überführt, 28% wurden als Aminosäuren- und etwa 7% als Ammoniak-

Stickstoff gefunden. Auffällig war die geringe Menge Ammoniak-Stickstoff den Milchproben gegenüber, die bei 20° gestanden hatten (s. Tabelle 1).

Tabelle 3. *Zusammenstellung von 6 verschiedenen Bestimmungen über den Eiweißabbau in Milch durch Bacterium linens nach 2 Monaten bei ca. 15°.*

	Ia	Ib	IIa	IIb	IIIa	IIIb	IVa	IVb	Va	Vb	VIa	VIb
Löslicher N	50,83	50,64	47,42	48,37	52,08	53,11	48,95	47,47	45,76	47,49	52,49	52,03
Aminosäuren-N	30,23	28,46	27,39	27,39	23,92	25,42	29,61	29,51	24,33	23,75	32,41	32,04
Ammoniak-N	8,53	6,74	8,52	8,33	6,31	7,15	6,50	5,45	5,59	5,19	8,21	7,91

Wegen seiner guten Farbstoff- und Aromabildung, verbunden mit einem durch chemische Analysen genauer erforschten umfangreichen und sehr kräftigen Eiweißabbau, verdient Bct. linens in der Tat eine besondere Beachtung als Käsereifungspilz.

Nach den Angaben von *Wolff*[47] steht Bct. linens dem Bacterium fuscum nahe, das neuerdings von *Lehmann* und *Neumann*[33] zu Corynebacterium bruneum gestellt wird. Bei meinen Untersuchungen unterschied sich Bct. linens von Bct. fuscum außer durch die von *Wolff* erwähnte Gelatineverflüssigung auch durch das Kolonienwachstum. Eine Faltenbildung der Agarstrichkolonien, wie sie für Bct. fuscum angegeben wird, konnte von mir niemals beobachtet werden, und auch *Wolff*, der hierüber nicht berichtete, scheint sie nicht gesehen zu haben. Dagegen bestanden weitgehende Übereinstimmungen sowohl in morphologischer wie in physiologischer Hinsicht zwischen Bct. linens und Corynebacterium bruneum, soweit letzteres in der Literatur beschrieben ist. Die Zugehörigkeit zu den Corynebakterien dürfte daher nicht länger zweifelhaft sein.

III. *Bacterium linens in Beziehung zu einigen seiner Begleitorganismen beim Eiweißabbau in Milch.*

Von den isolierten Bakterien wurden zur genaueren Bearbeitung solche mit möglichst verschiedenen Eigenschaften ausgewählt. Sie lassen sich zu folgenden Gruppen zusammenfassen:

    I. Milchsäurebakterien.
   II. Mikrokokken.
  III. Corynebakterien.
  IV. Farbstoffbildende Kurzstäbchen (zweifelhafte Corynebakterien).
   V. Coli-Aerogenes-Bakterien (atypische Arten).

IIIa. *Bacterium linens und Milchsäurebakterien.*

Im Innern und auf der Oberfläche von frischem Käse werden Milchsäurebakterien aller Art stets in sehr großer Zahl gefunden. Sie entfalten nach *Weigmann*[46] ihre hauptsächlichste Tätigkeit bei dem Prozeß der Säuerung, den jeder

Käse, ob Lab- oder Sauermilchkäse, anfänglich durchmacht. Außerdem beteiligen sie sich vermöge ihrer proteolytischen Fermente an dem Eiweißabbau.

Die nach der Neutralisation der Säure auf der Oberfläche durch Hefen, Oidien und andere Mikroben sich langsam entwickelnden Käserotbakterien finden damit einen durch die Milchsäurebakterien bereits veränderten und in gewisser Weise vorbearbeiteten Nährboden vor. Zum genaueren Studium dieser Verhältnisse wurden daher auch einige Milchsäurebakterien mit zu den Untersuchungen herangezogen.

Von mehreren verschiedenen Arten wurden hier nur 2 Stämme berücksichtigt, die häufiger und in größerer Menge auf der Rinde von frisch geformtem und gesalzenem Käse vorkamen. Es handelt sich nach der von *Orla Jensen*[29] gegebenen Einteilung der Milchsäurebakterien entsprechend ihren morphologischen und physiologischen Eigenschaften um typische Stämme der Gruppe Streptobacterium casei und Streptococcus lactis (siehe Tab. 4). Nach *Weigmann*[46], *Barthel*[3, 4] und *Orla Jensen*[30] sind gerade Milchsäurebakterien dieser Art durch Säurebildung und Eiweißspaltung für die Käsereifung im allgemeinen von Bedeutung.

Keiner der beiden Stämme verflüssigte Gelatine. In Bouillongelatine war das Wachstum nur schwach, weitaus besser in Traubenzucker- und Milchzucker-Gelatine. Es bildete sich im Stichkanal perlenschnurartig eine große Zahl kleiner Kolonien, die besonders unten im Röhrchen, also mehr anärob gut gediehen. Stamm 1 legte Milch bei 37° nach 40 Stunden und bei 30° nach 48 Stunden glatt dick. Die bei 45, 18 und 15° aufbewahrten Milchen zeigten selbst nach 8 Tagen noch keine Gerinnung. Stamm 2 säuerte anfangs etwas stärker und koagulierte Milch bei 37 und 30° bereits nach 24 Stunden. Bei 45 und 15° war auch nach 7 Tagen noch keine sichtbare Veränderung eingetreten. Näheres über den Verlauf der Säurebildung dieser beiden Stämme in Milch ist aus den Kurven bei Tab. 4 zu ersehen.

Um die Bedeutung der vorhergehenden Einwirkung dieser beiden Bakterien auf das Milcheiweiß für die nachfolgende Entwicklung und Fermentwirkung des Bacterium linens zu erforschen, wurden folgende Versuche angestellt.

Je 100 ccm 2 proz. Kreidemilch wurden mit Bacterium linens, Stamm 1 und Stamm 2 für sich allein beimpft. Ferner wurden je 2 Proben reichlich mit Bacterium linens und einem der beiden Milchsäurebakterien zusammen beimpft. 2 Kontrollen blieben steril. Die Kolben wurden nun bei der Zimmertemperatur von durchschnittlich 20° 2 Monate lang aufbewahrt und beobachtet. Dabei zeigten sich im einzelnen folgende Veränderungen. In den Symbiose-Milchen kamen zunächst die Milchsäurebakterien zur Entwicklung und verursachten die Säurung des Milchzuckers. Durch tägliches Umschütteln der Kolben wurde die Milchsäure immer wieder durch die Kreide gebunden, und damit der auf der Käserinde durch Mikroben bewirkte Prozeß der Neutralisation nachgeahmt. Nach Beendigung der Hauptgärung begann auch Bacterium linens sich langsam zu entwickeln. Dabei bildeten sich — zuerst in einem Kolben mit Bacterium linens und Stamm 2 nach 15 Tagen — an den Glaswandungen in den vom Umschütteln anhaftenden Milchresten rotbraune Kolonien, die sich nach und nach auf den ganzen Kolbeninhalt ausbreiteten. In den Linens-Milchen hatten sich die Bakterien durch keine Säurebildung behindert von Anfang an viel schneller und stärker vermehrt. Dementsprechend war hier der Abbau bereits weit vorgeschritten zu einer Zeit, als in den Symbiose-Proben Bacterium linens gerade anfing sichtbare Veränderungen hervorzurufen. Nach 2 Monaten hatte Bacterium linens die Milch dunkel-graugelb verfärbt und total abgebaut. In Symbiose mit Stamm 1 hatte Bacterium linens sich recht kräftig entwickelt und bildete eine schwimmende, leuchtend orange Haut mit dicken, faltigen Inseln auf den schwach gelbbraunen Milchen. Äußerlich ganz ähnliche Veränderungen waren auch bei den Symbiose-Milchen mit Stamm 2

Über Bacterium linens beim Eiweißabbau in Milch.

Tabelle 4. Übersicht über die Milchsäurebakterien.

Stamm	Maische-Federstrich	Optimum	Säurebildung aus													Eiweißabbau in Kreidemilch nach 2 Mon. bei 18—29°		
			Salicin	Stärke	Dextrin	Raffinose	Laktose	Maltose	Saccharose	Galaktose	Dextrose	Lävulose	Arabinose	Mannit	Glycerin	Löslich. N. %	Aminos.-N. %	NH$_3$-N. %
1 (Streptobacterium casei var.)	Stäbchen in kurzen oder langen Ketten. 0,6 — 0,9 × 3,5 — 6 μ.	37°	+	—	+	—	+	+	+	+	+	+	—	+	—	16,5	16,0	0,9
2 (Streptococcus lactis var.)	Kokken, rund-eiförmig zu zweien oder in kurzen Ketten. 0,8 — 1,3 × 0,6 — 1,1 μ.	30°	(+)	—	(+)	(+)	+	+	(+)	+	+	+	+	(+)	(+)	0,1	1,7	—

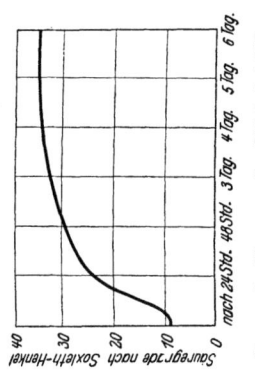

Stamm 2. Säuerung der Milch bei 30°.

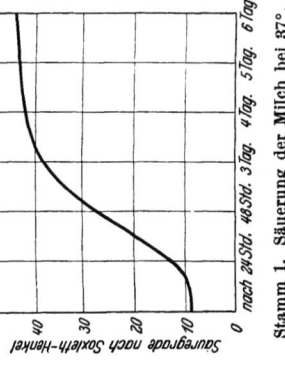

Stamm 1. Säuerung der Milch bei 37°.

aufgetreten. Bei den durch Stamm 1 und 2 zersetzten Milchen lag am Boden des Gefäßes ein flockiger, weißer Niederschlag von gefälltem Casein und unverbrauchter Kreide, darüber stand weißlich-trübe oder klare Molke. Bei Bacterium casei var. konnte ein ganz deutlicher Käsegeruch festgestellt werden. Auffällig war, daß Bacterium linens in den gesäuerten und wieder neutralisierten Milchen zum Teil ein viel üppigeres Wachstum zeigte, als in den nicht durch Milchsäurebakterien vorbereiteten Proben.

Bei der Reinheitsprüfung der Kulturen ergab sich u. a., daß in den Symbiose-Milchen die Milchsäurebakterien trotz der weitgehenden Veränderungen durch Bct. linens noch am Leben waren. Die Ergebnisse der chemischen Analysen sind in Tabelle 5 zusammengestellt. Die Unterschiede in den Resultaten zwischen zwei Paralleluntersuchungen sind hier größer als bei Untersuchungen mit anderen Bakterien. Sie sind auf gegenseitige Beeinflussung von Säuerungs- und Eiweißabbauprozeß zurückzuführen. Im übrigen sind die Differenzen so gering, daß das Gesamtbild des Abbaus dadurch nicht gestört wird.

Tabelle 5. *Der Eiweißabbau der Milchsäurebakterien 1 und 2 in Kreidemilch allein und zusammen mit Bacterium linens nach 2 Monaten bei 18—20°.*

	Kontrolle	Kontrolle	1 I	1 II	2 I	2 II
Löslicher N.	—	—	16,45	16,63	— 0,23	— 0,05
Aminosäuren-N.	—	—	15,66	16,44	1,67	1,82
Ammoniak-N.	—	—	0,95	0,95	0	0
Proz. Milchzucker	4,63	4,72	Spuren	—	1,06	0,80
Reaktion gegen Lackmus	sauer	sauer	sauer	sauer	sauer	sauer
Bemerkungen	—	—	Caseingerinnsel, klare Molke, käsiger Geruch		Caseingerinnsel, trübe Molke	

	linens I	linens II	1+linens I	1+linens II	2+linens I	2+linens II
Löslicher N.	50,74	52,45	54,17	57,36	43,82	36,93
Aminosäuren-N.	33,35	31,05	36,94	38,13	13,61	9,12
Ammoniak-N.	18,20	21,00	6,18	8,77	2,14	1,36
Proz. Milchzucker	4,46	4,58	Spuren	Spuren	—	Spuren
Reaktion gegen Lackmus	alkalisch		schwach alkalisch		schwach alkalisch	
Bemerkungen	Milch: dunkelgraugelb		schwach orange, starke linens-Haut		schwach orange, linens-Haut	

In Übereinstimmung mit den in Tabelle 2 für Bct. linens in Kreidemilch angegebenen Werten wurde auch hier ein sehr hoher Prozentsatz Ammoniak-Stickstoff gefunden. Bct. casei var. bildete eine erhebliche Menge löslicher Eiweißkörper, die restlos aus Aminosäuren bestanden, denn beide Stickstoffwerte waren nahezu gleich. Außerdem waren fast 1% Ammoniak-Stickstoff entstanden. Nach *Barthel*[4] und *Jensen*[30] spalten die Milchsäurestäbchen das Casein direkt in Aminosäuren ohne Bildung von Zwischenprodukten.

Bei Stamm 2 trat eine ganz geringe Vermehrung der Aminosäuren auf, während die Menge der löslichen Eiweißkörper sogar etwas zurückgegangen war. Beim Zusammenwirken dieser Milchsäurebakterien mit Bct. linens zeigten sich überraschende Ergebnisse. Durch den ebenfalls eiweißspaltenden Stamm 1 wurde der Abbau des Bct. linens in eigenartiger Weise verändert. Es trat eine Vermehrung des löslichen Stickstoffs und Aminosäuren-Stickstoffs auf über alle bisher maximal erhaltenen Mengen. Andererseits wurde weit weniger Ammoniak-Stickstoff gebildet.

Bei unseren heute noch minimalen Kenntnissen von den Eiweiß spaltenden Fermenten der Bakterien ist es nicht leicht, eine richtige Erklärung für diese Erscheinungen zu geben.. Es besteht aber sehr wohl die Möglichkeit, daß Eiweißkörper, die von Bacterium linens offenbar nicht gespalten werden konnten, durch die Fermente dieser Milchsäurebakterien für weitere Zersetzungen „aufgeschlossen" wurden. Die Widerstandsfähigkeit genuiner Eiweißkörper gegen gewisse Fermente liegt nach *Oppehheimer*[39] in einer bestimmten Struktur der Proteine begründet. Es genügen geringe Eingriffe, um den Widerstand zu brechen. So werden z. B. durch eine unbedeutende vorangehende Pepsinwirkung Proteine durch Trypsin viel leichter gespalten. Überhaupt, sagt *Oppenheimer*, gilt allgemein der Satz, daß die Pepsinwirkung Stoffe schafft, die dann das Trypsin leichter angreifen kann.

Da man nun bei Stamm 1 entsprechend der Wirkung bei saurer Reaktion andersartige Fermente annehmen muß, als bei dem bei alkalischer Reaktion spaltenden Bct. linens, ließe sich der durch beide Bakterien zusammen erweiterte Eiweißabbau ganz zwanglos durch ein Zusammenarbeiten verschiedenartiger Fermente erklären, wie es ähnlich von Pepsin-Trypsin bekannt ist.

Die Förderung im Abbau war um so bemerkenswerter, als Bct. linens durch den anfänglichen Säuerungsprozeß stark gehemmt wurde und erst etwa 20 Tage später als in den Bct. linens-Milchen zur Entwicklung kam. Außerdem war selbst nach 2 Monaten die Reaktion der Symbiose-Milchen gegenüber den stark basischen Linens-Kontrollen nur schwach alkalisch gegen Lackmus.

Obwohl die Milchen mit Bct. linens und Stamm 2 sich rein äußerlich im Farbton und nach der Entwicklung des Bct. linens nicht unterschieden von den Symbiose-Proben mit Stamm 1, verlief doch die Eiweißspaltung in ganz anderen Bahnen. Nach den Ergebnissen der Analysen war hier im Gegensatz zu den Symbiose-Milchen mit Stamm 1 ein an Umfang und Tiefe geringerer Abbau eingetreten als in den linens-Kontrollen.

Nach diesen beiden Versuchen scheinen proteolytische Milchsäurebakterien den Nährboden für Bct. linens in günstiger Weise vorzubereiten und überhaupt den gemeinsamen Abbau zu fördern, die reinen Säurebildner dagegen — wohl durch die Säurebildung — Hemmungen hervorzurufen. Weitere Untersuchungen müßten ergeben, wie weit die hier gefundenen Resultate allgemeine Bedeutung und Wert für die Praxis besitzen. Die Nachahmung der Verhältnisse im Käse ist ja nur bis zu einem gewissen Grade gelungen. Eine sehr wesentliche Abweichung besteht darin, daß die Neutralisation der Milchsäure im Versuch durch Kreide geschah, während unter natürlichen Bedingungen bei diesem Prozeß vor allen Dingen Oidien und Kahmhefen tätig sind, die sich weiterhin aber auch durch proteolytische Fermente am Abbau beteiligen. Im Laboratoriumsversuch läßt sich jedoch der so außerordentlich komplizierte Reifungsvorgang im Käse nur Schritt für Schritt verfolgen, und nur so sollen und dürfen die beiden beschriebenen Versuche gewertet werden.

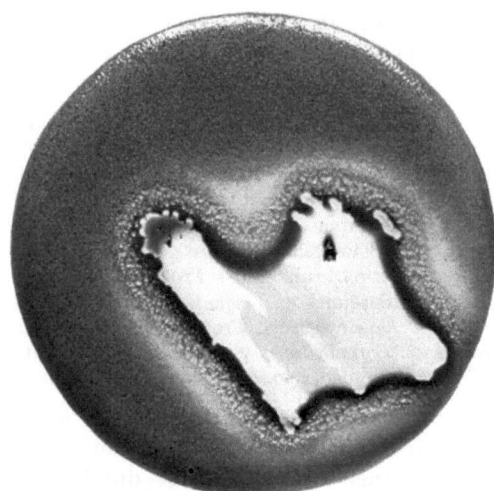

Abb. 1.

Beim Studium der wechselseitigen Beziehungen zwischen Bct. linens und den beiden Milchsäurebakterien auf Platten verhielten sich letztere im wesentlichen gleich. Wurde nach der Garrèschen Methode verfahren und die beiden Stämme in Strichen nebeneinander auf die Milchagarplatte geimpft, so dehnte sich alsbald die von der Milchsäurebakterienkolonie aufgehellte Zone gegen Bct. linens hin weiter aus, und gleichzeitig damit trat ein verstärktes Wachstum der Milchsäurebakterien auf derselben Seite ein. Andererseits wurde auch bei der Linens-Kolonie auf der den Milchsäurebakterien zugewandten Seite besseres Wachstum und schnellere Aufhellung des Agars beobachtet. Bei längerer Dauer der Versuche wuchs schließlich Bct. linens in die von den Milchsäurebakterien gebildete Aufhellungszone hinein und entwickelte sich hier ganz besonders üppig.

Abb. 2.

Ein anderer Versuch zeigte diese Verhältnisse noch deutlicher.

Bacterium linens wurde reichlich in den flüssigen Milchagar eingesät, die Platte gegossen und nun Streptococcus lactis var. als große Kolonie darauf geimpft. Nach mehreren Tagen war folgendes Bild entstanden (vgl. Abb. 1).

Infolge der Säurebildung waren direkt um die Milchsäurebakterienkolonie keine Linens-Bakterien aufgekommen. In einiger Entfernung dagegen hatten sie sich ganz außergewöhnlich stark entwickelt. Hierdurch wurden offenbar auch wiederum die Milchsäurebakterien zu stärkerem Wachstum angeregt. Die Ursache der gegenseitigen Wachstumsförderung dürfte hauptsächlich in einer Veränderung des Milcheiweißes durch das Zusammenwirken beider Stämme zu suchen sein. Auf Milchzucker-Bouillonagarplatten trat nämlich nur die oben beobachtete Hemmung der Linens-Kolonien durch die Säurebildung der Milchsäurebakterien ein. Zu einer entsprechenden Wachstumsförderung kam es nicht, weil die Platte die für beide Stämme leicht angreifbaren Peptone enthielt (vgl. Abb. 2).

Nach den Ergebnissen der Plattenversuche stehen die Milchsäurebakterien einerseits durch ihre Säurebildung dem Bct. linens als Antagonisten gegenüber, andererseits können sie durch ihre Einwirkung auf das Milcheiweiß auch als Metabionten eine Rolle spielen.

Die großen Unterschiede zwischen den Stämmen 1 und 2 beim Eiweißabbau in Milch kamen auf den Symbiose-Milchagarplatten nicht zum Ausdruck.

IIIb. Bacterium linens und Mikrokokken.

In allen Stadien der Reifung wurden auf der Käserinde Mikrokokken in außerordentlich großer Zahl gefunden. Die näher bearbeiteten Stämme waren teils Säure-Lab-Kokken, die Milch mehr oder weniger stark veränderten (7, 10, 11, 12, 14), teils Arten, die sich Milch gegenüber fast indifferent verhielten (8 und 13). Ein Stamm zersetzte Milch bei alkalischer Reaktion (9).

Sie waren alle sehr salzfest, selbst 8% Kochsalz wurden durchweg gut vertragen. So konnten sie sich auf der salzhaltigen Käseoberfläche sehr gut halten und entwickeln. Alle Stämme waren bewegungslos, gram-positiv, indol-negativ; Schwefelwasserstoff wurde nicht gebildet. Sie wuchsen auf Bouillonagar als weiße oder gefärbte Kolonien von meist größeren Ausmaßen, auf der Oberfläche besser als in der Tiefe. Eine Übersicht über die wichtigsten Eigenschaften gibt die Tab. 6.

8 und 9 verhielten sich den verschiedenen Zuckern gegenüber völlig indifferent, Lackmus wurde besonders von 9 stark reduziert. Die anderen 6 Stämme säuerten alle Traubenzucker und Milchzucker, im übrigen traten aber einige Unterschiede auf. *Orla Jensen*[29] hält die Zuckerreihe für die Bestimmung und Unterscheidung von Kokken dieser Art (Tetrakokken, *Jensen*) nicht für sehr brauchbar. Mit Ausnahme von 8 zersetzten alle Stämme Milcheiweiß. Bei den Säure-Lab-Kokken vor allen Dingen kam es zur Bildung von löslichen Stickstoffkörpern. Einige Stämme bildeten mehr oder weniger große Mengen Aminosäuren (9, 12, 14). Andere hingegen bauten selbst den in der Milch an sich vorhandenen Aminosäuren-Stickstoff weiter ab. Dadurch treten in der Tabelle Minuswerte auf (10, 11, 13). Nur wenige Kokken zersetzten Eiweiß bzw. Aminosäuren weiter bis zum Ammoniak

Tabelle 6. *Übersicht über die wichtigsten*

Stamm	Mikroskopisches Bild im Bouillon-Federstrich	Kolonien auf Bouillonagar	Kartoffelwachstum	Wachstumoptimum	Fettspaltung	Säurebildung aus					
						Glycerin	Mannit	Arabinose	Glucose	Galaktose	Lactose
12	0,6—0,8 μ, einzeln, zu zweien, kurze, unregelm. Ketten	blaß gelbbraun, feucht-glänzend, starkes Wachstum	—	30—20°	—	+	+	+	+	+	(+)
7	0,6—0,8 μ Tetraden, einzeln oder zu zweien	grauweiß, feucht-glänzend, Wachstum gut	—	30°	(+)	—	—	—	+	+	+
10	0,6—0,9 μ einzeln, zu zweien oder in unregelm. Ketten	weiß, feucht-glänzend, Wachstum gut.	(+)	30°	—	(+)	+	+	+	+	+
14	0,6—0,9 μ einzeln, zu zweien oder in unregelm. Ketten	blaß-orange, feucht-glänzend, Wachstum gut.	(+)	20—30°	(+)	+	+	+	+	+	+
11	0,9—1,5 μ einzeln, zu zweien, Tetraden, kurze Ketten	grauweiß, feucht-glänzend, Wachstum gut	—	30°	—	(+)	+	—	+	+	+
13	1—1,5—2 μ zu zweien, Tetraden, unregelm. Ketten	blaß-orange, feucht-glänzend, Wachstum gut	(+)	20—30°	—	(+)	+	+	+	+	+
8	0,5—0,6 μ einzeln, zu zweien, selten unregelm. Ketten	gelbbraun, feucht-glänzend, Wachstum mäßig	—	30°	—	—	—	—	(+)	—	—
9	0,6—0,9 μ einzeln, zu zweien, unregelm. Ketten	grünlichgelb, feucht-glänzend, starkes Wachstum	+	30°	(+)	—	—	—	—	—	—

(10, 12, 14). In Übereinstimmung hiermit zeigten auch diese 3 Stämme auf künstlichen Nährböden unter Zugabe einzelner Aminosäuren deutlicheres Wachstum. 14 entwickelte sich z. B. auf Alanin-, Leucin-, Glykokoll-, Asparagin- und Tyrosin-Agar, 12 auf Alanin- und Leucin-Nährböden. Bei Peptonzugabe wuchsen alle Stämme normal. Zwischen 37 und 9° konnte bei allen Stämmen Koloniebildung auf Agar beobachtet werden, bei 45° nur noch bei Kokkus 12. Bei einer Temperatur von ca. 30° war im allgemeinen das Wachstum stärker, auch wurden die Milchen schneller verändert, bei 20—15° war die Farbstoffbildung intensiver. Die Stämme 7, 10, 11, 13 und 14 waren Säure-Lab-Kokken, wie sie ähnlich bei Untersuchungen von Milch und Käse stets gefunden wurden, z. B. im Bakteriologischen Institut der Forschungsanstalt Kiel bei sehr vielen Milch- und Käseanalysen. Nach den Arbeiten von *Gorini*[16, 17], *Boekhout* und *de Vries*[5], *Evans, Hastings* und *Hart*[12, 13], *Thöni* u. a.[44] spielen sie bei der Käsereifung eine bedeutende Rolle. Von *Grimmer*

Eigenschaften der Kokken.

Saccharose	Raffinose	Dextrin	Stärke	Salicin	Reduktion von Lackmus	Reduktion von Nitrat	Verflüssigung von Bouillongelatine	Verflüssigung von Traubenzuckergelatine	Verflüssigung von Milchzuckergelatine	Alkali	Säure	Lab	Dicklegung	Farbe	% Löslich. N.	% Aminos.-N.	% NH$_3$-N.
+	–	–	–	(+)	–	+	+++	++	++	–	+	+	+	grauorange	25,7	4,2	0,8
+	–	(+)	–	(+)	–	+	++	+	+	–	+	+	+	weiß, dicklich } 29		0,6	0,4
+	–	(+)	–	(+)	–	+	+	–	+	–	+	+	+	schneeweiß, dicklich } 18		–2,5	2,4
+	–	–	–	(+)	–	+	+	–	(+)	–	+	+	+	weiß, dicklich } 19		4,9	1,7
+	–	–	–	–	–	+	+	–	–	–	+	+	{ + bei 30° }	weiß	13,7	–1,1	0,1
+	–	(+)	–	–	+	+	+	–	(+)	–	(+)	– ?	–	weiß	7,2	–1,2	0,2
–	–	–	–	–	+	–	+	(+)	(+)	–	–	–	–	weiß	0	0	0
–	–	–	–	–	+	+	+	+	+	+	–	–	–	braungelb	33	17	0,2

und *Prinz*[20] und *Grimmer* und *Aronson*[23] wurden sie speziell auch im Tilsiter Käse nachgewiesen. Ähnliche Stämme wurden von *Peters*[40], *Wolff*[48, 49], *v. Freudenreich*[14] und *Jensen*[29] aus Milch und Käse isoliert und beschrieben. Nach Angaben von *Wolff*[48] und *Gorini*[18] zeigten Kokken dieser Art eine große Variabilität der morphologischen und physiologischen Eigenschaften. Dies konnte auch von mir bei den Stämmen 7 und 10 hinsichtlich der Intensität der Gelatineverflüssigung festgestellt werden. Durch Kartoffelagarpassage wurden die alten Eigenschaften wieder erhalten. Eine Übereinstimmung meiner Stämme mit bekannten Arten konnte teils wegen der sehr unzureichenden Beschreibungen in der Literatur, teils auch wohl wegen der Variabilität in ihren Eigenschaften nicht in allen Fällen festgestellt werden. Die Kokken 7, 10, 11, 13 und 14 lassen sich zwanglos in die Gruppe des Micrococcus pyogenes *Rosenbach*[33] einfügen. Stamm 9 scheint identisch mit Micrococcus galbanatus *Zimmermann*[37].

Das Verhalten der Kokken in Milch, auf Milchagar und Quarg allein und in Symbiose mit Bacterium linens.

Stamm 12

legte Milch bei 45, 37 und 30° nach 2 Tagen durch Säure und Lab dick. Bei 37 und 30° wurde das Koagulum langsam bei saurer Reaktion peptonisiert. Bei 20 und 15° trat die Gerinnung viel später und undeutlicher auf, da ebenso schnell von oben her der Eiweißabbau einsetzte. Mit Bacterium linens zusammen wurde die Milch dem Aussehen nach schneller und stärker verändert.

Bei 15° auf Quarg wuchs Stamm 12 in weit ausgedehnten orangegelben Kolonien. Dabei trat — wie in Milch — ein eigenartig stechender und unangenehmer Geruch auf, der Geschmack war bitter. Mit Bacterium linens zusammen geimpft entwickelten sich beide Bakterien miteinander, der Quarg wurde wie die Linens-Kontrolle stark abgebaut, roch angenehm käsig und zeigte einen käsigen, nur noch schwach bitteren Geschmack. Auf Milchagarplatten hatten die gelbbraunen Kokken-Kolonien nach einigen Tagen, scharf gegen den weißen Agar abgesetzt, eine breite Zone um sich herum total aufgehellt. Eine wesentliche gegenseitige Beeinflussung von Bacterium linens und Kokkus 12 konnte nach den angegebenen Methoden auf Milchagar nicht beobachtet werden.

Die Ergebnisse der chemischen Untersuchungen über den Eiweißabbau sind in Tab. 7 zusammengestellt.

Tabelle 7. *Der Eiweißabbau in Milch durch Kokkus 12 allein und in Symbiose mit Bacterium linens nach 2 Monaten bei 15°.*

	12 I	12 II	lin. I	lin. II	12+linens I	12+linens II	12+linens III	Kontrolle
Mill. Keime Einsaat	42	42	85	85	42 + 85	21 + 85	10,5 + 85	0
Löslicher N.. . . .	25,77	25,68	45,76	47,49	53,09	53,67	53,34	—
Aminosäuren-N. . .	4,06	4,34	24,33	23,75	27,51	28,96	27,69	—
Ammoniak-N. . . .	0,82	0,82	5,59	5,19	7,33	6,85	7,03	—
Reakt. geg. Lackm..	sauer		alkalisch		alkalisch	alkalisch	alkalisch	sauer
Farbe	grauorange		orange		orange	orange	orange	—
Bemerkungen . . .	—		—		Auf Platten 30—40% Kokken neben Bacterium linens			—
Geruch	unang. käsig, stechend		käsig		schwach unangenehm, käsig stechend			—
Geschmack	käsig-bitter		„		käsig, schwach bitter			—

Nach 2 Monaten waren die Kokkus 12-Milchen total abgebaut und grauorange, die Linens-Proben durch und durch gelborange, die Symbiose-Milchen tief braunorange. Von Anfang an waren hier in Übereinstimmung mit den Vorversuchen die Veränderungen am deutlichsten und stärksten aufgetreten. Auffällig war der für Kokkus 12 bei starker Verfärbung der Milch doch nur verhältnismäßig geringe Eiweißabbau. Es wurden ca. 25% löslicher Stickstoff, 4% Aminosäuren- und 0,8% Ammoniak-Stickstoff gebildet. Beim Zusammenwirken von 12 und Bacterium linens wurde nur wenig mehr Milcheiweiß gespalten als durch Bacterium linens allein, außerdem aber der Ammoniak-Stickstoff vermehrt. Dabei gediehen beide Stämme offenbar sehr gut nebeneinander, wie die Versuche auf Milchagarplatten und Quarg bestätigten.

Kokkus 12 besaß durch die orange Farbstoffbildung und durch sein gutes Wachstum auf Quarg erwünschte Eigenschaften der „Rotbakterien", dürfte aber praktisch wegen seiner schlechten Aromabildung nicht in Frage kommen. Bemerkenswert war, daß Entwicklung und Abbau bereits bei saurer Reaktion eintrat.

Dadurch auch konnte dieser Stamm früher auf der Käseoberfläche aufkommen, als das alkaliliebende Bacterium linens, was mit den Befunden beim Isolieren übereinstimmte. Ein Stamm mit guter Aromabildung, sonst aber denselben Eigenschaften, dürfte zur Unterstützung des Bacterium linens besonders bei Beginn des Reifungsprozesses recht brauchbar sein.

Stamm 7

brachte Milch bei 37 und 30° innerhalb weniger Tage, bei 18 und 15° erst nach Wochen durch Säure und Lab zur Gerinnung, ohne sie weiter zu verändern. Mit Bacterium linens zusammen trat die Gerinnung früher ein. Im weiteren Verlauf wurde die Milch mehr und mehr orange und das Gerinnsel allmählich wieder auf-

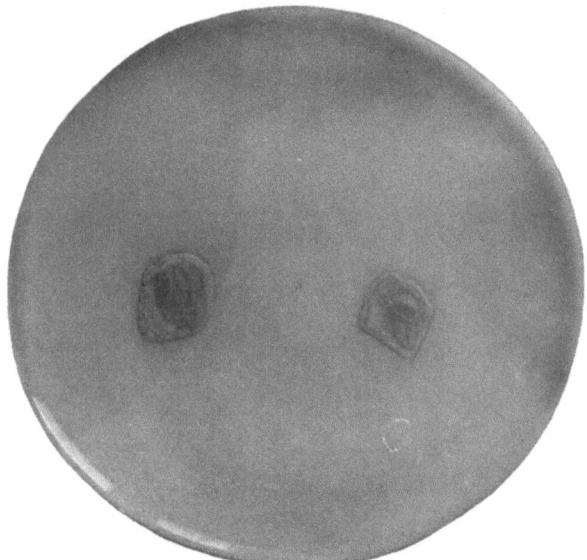

Abb. 8. Bacterium linens allein auf Milchagar nach 8 Tagen.

gelöst. Die Reaktion gegen Lackmus war dabei sauer. Der Abbau ging langsamer vor sich als durch Bacterium linens allein.

Auf Labquarg zeigte Stamm 7 nur sehr geringes Wachstum. Mit Bacterium linens zusammen dagegen entwickelten sich die Kokken anfangs recht gut, bis sie durch das starke Wachstum der Bakterien unterdrückt wurden. In der Art des Abbaus wurden keine äußerlich wahrnehmbaren Unterschiede einer Linens-Kontrolle gegenüber beobachtet.

Auf Milchagarplatten traten Erscheinungen auf wie sie ähnlich bei den Milchsäurebakterien beobachtet wurden. Die weiße Kokken-Kolonie bildete eine ziemlich große und scharf abgesetzte Aufhellungszone, die sich gegen eine in die Nähe geimpfte Linens-Kolonie weit ausdehnte. Die Caseinzersetzung der Kokken wurde demnach durch Bacterium linens verstärkt. Ein anderer Plattenversuch zeigte dies noch anschaulicher. Kokkus 7 wurde reichlich in flüssigen Milchagar eingesät, die Platte gegossen und nun Bacterium linens in zwei großen Kolonien darauf geimpft. Während die Kontrolle — Bacterium linens allein auf Milchagar — nach 3 Tagen noch keine sichtbaren Veränderungen aufwies, war im Hauptversuch um die beiden Linens-Kolonien eine breite Aufhellungszone entstanden, in der die kleinen Kokken-Kolonien bereits ganz deutlich zu sehen waren. Auf der ganzen übrigen Platte dagegen hatten sie sich noch nicht entwickelt (vgl. Abb. 3 und 4).

Irgendwelche Stoffe, die von der linens-Kolonie aus in den Milchagar eingedrungen waren, ohne dabei jedoch sichtbare Veränderungen hervorzurufen, hatten die Kokken zu kräftigem Wachstum angeregt, wobei dann gleichzeitig eine Aufhellung des Agars eingetreten war. Ob nun diese Aufhellung allein durch die sich schnell entwickelnden Kokken hervorgerufen wurde, oder ob Fermente von der Linens-Kolonie direkt mitwirkten, ließ sich nicht ohne weiteres entscheiden.

Wie dieser Versuch sehr schön zum Ausdruck brachte, liegt der besondere Wert der Milchagarplatte in der Möglichkeit, mit der Darstellung einer Metabiose

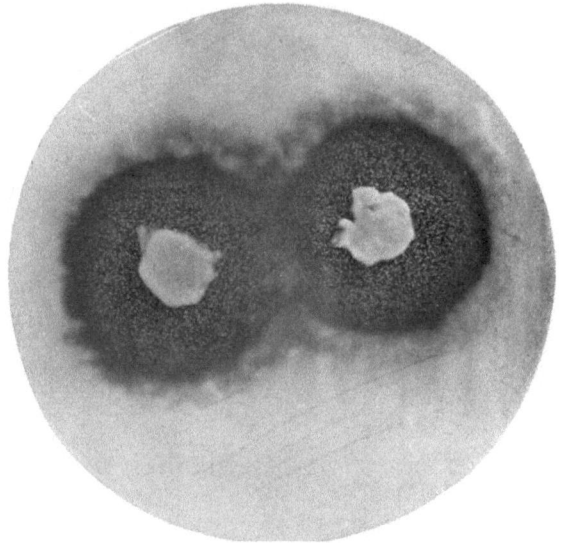

Abb. 4. Bacterium linens und Kokkus 7 auf Milchagar nach 3 Tagen.

gleichzeitig eine außergewöhnliche Caseinzersetzung sichtbar zu machen. Es muß jedoch hervorgehoben werden, daß mit dem Auftreten oder Fehlen von solchen besonderen Erscheinungen bei Symbioseversuchen auf Milchagar keinerlei Anhaltspunkte gegeben wurden für den in Milch durch beide Stämme zusammen bewirkten Eiweißabbau.

Durch andere Versuche konnte auch eine geringe Wachstumsförderung kleiner Linens-Kolonien durch eine große Kokkus 7-Kolonie beobachtet werden.

Die zu quantitativen Untersuchungen bei 15° angestellten Milchversuche zeigten einen etwas anderen Verlauf als die erwähnten Vorversuche bei Zimmertemperatur (siehe Tab. 8). Die 7-Milch war schneeweiß und nur am Boden geronnen. Mit Bacterium linens zusammen trat nach einigen Tagen eine unvollständige Koagulation ein, die aber bald durch die sich sehr stark entwickelnden Bakterien wieder aufgehoben wurde. Der Abbau in diesen Milchen ging offenbar schneller vonstatten als in den Linens-Kontrollen. Die Farbe war intensiv orange. Nach Beendigung des Versuches konnten neben Bacterium linens auch sehr viele Kokken direkt mikroskopisch und auf Platten festgestellt werden. Kokkus 7 bildete ca.

30% löslichen Stickstoff, weniger als 1% Aminosäuren- und ebensowenig Ammoniak-Stickstoff. In Symbiose mit Kokkus 7 wurde der normale Eiweißabbau des Bacterium linens sehr wesentlich erweitert. Es entstanden dabei etwa 15% mehr löslicher Stickstoff, während die Werte für Aminosäuren- und Ammoniak-Stickstoff mit denen der Kontrollen fast übereinstimmten.

Tabelle 8. *Der Eiweißabbau in Milch durch Kokkus 7 allein und in Symbiose mit Bacterium linens nach 2 Monaten bei 15°.*

	7 I	7 II	lin. I	lin. II	7 + lin. I	7 + lin. II	7 + lin. III	Kontrolle
Mill. Keime Einsaat	40	40	80	80	40 + 80	20 + 80	10 + 80	0
Löslicher N.	28,28	30,59	50,83	50,64	65,34	65,24	65,52	—
Aminosäuren-N.	0,74	0,37	30,23	28,46	30,58	33,45	30,58	—
Ammoniak-N.	0,46	0,36	8,53	6,74	7,21	8,04	8,50	—
Reakt. geg. Lackm.	3,15 $^n/_{10}$ KOH sauer	3,35 $^n/_{10}$ KOH sauer	alkalisch		neutral	neutral	neutral	2,1 $^n/_{10}$ KOH a. 10 ccm
Farbe	weiß		orange		leuchtend orange			—
Bemerkungen	—		—		Auf Platten 10—20% Kokken neben Bacterium linens			—
Geruch	ganz schwach käsig		käsig	käsig	käsig	käsig	käsig	—
Geschmack								

Die Resultate dieser Versuche erinnerten an ähnliche Ergebnisse bei der Symbiose von Streptobacterium casei var. 1 mit Bacterium linens (S. 14), und bei dem von *Löhnis* erwähnten Zusammenwirken von Bacterium casei limburgensis mit Micrococcus liquefaciens (vgl. S. 3). In allen 3 Fällen war stets einer der Symbionten ein säure-proteolytisches Bacterium, während der andere die Milch mehr bei alkalischer Reaktion zersetzte. Auf die Möglichkeit einer Erklärung, daß durch die bei saurer Reaktion verlaufende Proteolyse der einen Art Eiweißkörper für weitere Angriffe durch die Fermente der anderen Bakterien aufgeschlossen würden, ist bereits auf S. 15 hingewiesen.

Stamm 10

erzeugte in Milch bei 30° nach 14 Tagen, bei 18 und 15° erst nach längerer Zeit eine Säure-Lab-Gerinnung. Eine weitere Zersetzung trat nicht ein. Nach 2 Monaten konnte ein käsiger Geruch und Geschmack festgestellt werden. Auf Quarg verhielt sich Kokkus 10 allein und auch in Symbiose mit Bacterium linens genau so wie Stamm 7. Erst nach mehreren Tagen entstand auf Milchagar um die weiße Kokken-Kolonie ein kleiner, durchsichtiger Hof. Zusammen mit Bacterium linens traten dieselben Metabiose- und Aufhellungserscheinungen auf wie bei Kokkus 7, nur langsamer und in viel schwächerem Maße.

Die bei Käsereifungstemperatur angestellten Milchversuche zeigten im einzelnen folgende Ergebnisse (vgl. Tab. 9). Die Kokkus 10-Milch war rein weiß geblieben und nur am Boden etwas dick gelegt. Bei den Symbiose-Milchen wurde äußerlich ein Unterschied den Linens-Kontrollen gegenüber bis zu Schluß des Versuches nicht beobachtet. Dabei hatten sich aber die Kokken neben Bacterium linens reichlich vermehrt. Kokkus 10 zeigte nur einen ganz geringen Eiweißabbau. Es waren ca. 18% löslicher Stickstoff und etwa 2,4% Ammoniak-Stickstoff entstanden, der Aminosäuren-Stickstoff war sogar der unbeimpften Kontrolle gegenüber um 2,5% zurückgegangen. Die Kokken schienen also die Fähigkeit zu besitzen, Aminosäuren abzubauen und für sich auszunutzen, ohne jedoch Eiweiß bis zu den Aminosäuren spalten zu können. Nach den Resultaten der Analysen wurde der normale Linens-Abbau durch das Zusammenwirken mit den Kokken etwas gestört. Die Bildung des löslichen und des Aminosäuren-Stickstoffs war etwas zurückgegangen, der Ammoniak-Stickstoff dagegen hatte wenig zugenommen.

Tabelle 9. *Der Eiweißabbau in Milch durch Kokkus 10 allein und in Symbiose mit Bacterium linens nach 2 Monaten bei 15°.*

	10 I	10 II	lin. I	lin. II	10+lin. I	10+lin. II	10+lin. III	Kontrolle
Mill. Keime Einsaat	58	58	85	85	58 + 85	29 + 85	14,5 + 85	0
Löslicher N.	17,71	18,55	52,08	53,11	50,19	50,47	50,33	—
Aminosäuren-N. . .	− 2,64	− 2,45	23,92	25,42	20,53	19,58	21,28	—
Ammoniak-N. . . .	2,44	2,35	6,31	7,15	7,72	7,53	8,38	—
Reakt. geg. Lackm.	2,95 $^n/_{10}$ KOH sauer		} alkalisch	alkalisch	alkalisch	alkalisch	alkalisch	2,10 $^n/_{10}$ KOH a. 10 ccm
Farbe	weiß		orange	orange	orange	orange	orange	—
Bemerkungen . . .	—		—		Auf Platten etwa 10—12% Kokken neben Bact. linens			—
Geruch	—		käsig	käsig	käsig	käsig	käsig	—
Geschmack	—		,,	,,	,,	,,	,,	—

Vielleicht war das Plus an Ammoniak-Stickstoff und das Minus an Aminosäuren-Stickstoff auf das Konto der Kokken zu setzen, die ja in Milch für sich allein Veränderungen in demselben Sinne verursachten.

Kokkus 10 zeigte im ganzen sehr ähnliche wenn auch schwächer ausgeprägte Eigenschaften als Stamm 7. Im Eiweißabbau traten einige Unterschiede auf, die sich auch auf den Milchabbau in Symbiose auswirkten.

Stamm 14

legte Milch bei 37 und 30° nach gut 10 Tagen, bei 18 und 15° erst nach etwa 1 Monat durch Säure und Lab dick. Ein weiterer Abbau wurde nicht beobachtet, der Geruch und Geschmack der Proben war schwach käsig. Zusammen mit Bacterium linens trat nur am Boden des Gefäßes eine schwache Koagulation auf, während von oben her bereits der Eiweißabbau begann. Dabei entwickelten sich die Kokken mit den Stäbchen sehr gut, die Reaktion der Symbiose-Milchen war selbst nach 2 Monaten noch schwach sauer gegen Lackmus. Der normale Eiweißabbau des Bacterium linens wurde nach dem helleren Farbton zu schließen etwas gestört. In seinem Verhalten und Wachstum auf Quarg schließt sich Kokkus 14 den soeben besprochenen Stämmen 7 und 10 an. Auch auf Milchagarplatten traten mit Bacterium linens dieselben sehr schwachen Metabioseerscheinungen auf wie bei 10.

Die Resultate der quantitativen Eiweißabbauuntersuchungen sind in Tab. 10 zusammengefaßt.

Zum ersten Male machte sich durch die verschieden starke Beimpfung der Symbiose-Kolben I, II und III ein Unterschied im Abbau deutlich bemerkbar. Milch I, die mit der größten Zahl Kokken beimpft war, wurde wie die 14-Milchen am Boden dick gelegt und erst gegen Ende des Versuches durch Bacterium linens schwach orange gefärbt. Auch II erreichte den schönen orange Farbton der Linens-Kontrollen nicht ganz; III schien etwas dunkler. Dementsprechend waren auch die Resultate der Analysen sehr verschieden. Kokkus 14 hatte ca. 19% löslichen Stickstoff, 5% Aminosäuren- und 1,6% Ammoniak-Stickstoff gebildet. Die Symbiose-Milch I war nur wenig tiefer abgebaut, während bei II und III, abgesehen von einer geringen Vermehrung des Ammoniak-Stickstoffs, ungefähr

Tabelle 10. *Der Eiweißabbau in Milch durch Kokkus 14 allein und in Symbiose mit Bacterium linens nach 2 Monaten bei 15°.*

	14 I	14 II	lin. I	lin. II	14+lin. I	14+lin. II	14+lin. III	Kontrolle
Mill. Keime Einsaat	40	40	50	50	40 + 50	20 + 50	10 + 50	0
Löslicher N.	19,23	18,68	48,95	47,47	25,23	47,90	49,23	—
Aminosäuren-N. . .	4,75	5,03	29,61	29,51	16,51	29,46	29,79	—
Ammoniak-N. . . .	1,67	1,67	6,50	5,45	1,24	8,45	8,11	—
Reakt. geg. Lackm.	$3,0\ ^n/_{10}$ KOH sauer	$3,1\ ^n/_{10}$ KOH sauer	alkalisch		$6,0\ ^n/_{10}$ KOH sauer	alkalisch		$2,3\ ^n/_{10}$ KOH a. 10 ccm
Farbe	weiß		orange		schwach gelblich	orange		—
Bemerkungen . . .	—	—			Auf Platten etwa 60% Kokken neben Bct. linens	12—20%		—
Geruch	schwach käsig		käsig		schwach käsig	käsig	käsig	—
Geschmack								

dieselben Werte wie bei den Linens-Milchen erhalten wurden. Nach dem direkten mikroskopischen Bild und nach den Ergebnissen der Plattenmethode waren in der Symbiose-Milch I die Kokken vorherrschend, während in den anderen beiden Kolben Kokken und Stäbchen etwa in gleich großer Zahl gefunden wurden. Auffällig war ferner die in Probe I durch Bacterium linens offenbar stark angeregte Säurebildung der Kokken.

Stamm 11

erzeugte in Milch bei 30 und 37° nach etwa 1 Monat eine glatte Säure-Lab-Gerinnung, bei 18 und 15° dagegen blieben die Milchen selbst 2 Monate lang äußerlich unverändert. Mit Bacterium linens zusammen in Milch entwickelten sich die Kokken recht gut, ohne dabei den Abbau sichtbar zu beeinflussen. Auf Quarg verhielt sich Stamm 11 wie die Kokken 7, 10 und 14. Die Metabioseerscheinungen mit Bacterium linens auf Milchagarplatten erinnerten an ähnliche Beobachtungen bei Stamm 14. Sie waren nur noch undeutlicher, traten erst nach etwa 14 Tagen auf und ergaben eine gegenseitige schwache Wachstumsförderung.

Die quantitativen Milchversuche zeigten etwa folgenden Verlauf (siehe Tab. 11).

Tabelle 11. *Der Eiweißabbau in Milch durch Kokkus 11 allein und in Symbiose mit Bacterium linens nach 2 Monaten bei 15°.*

	11 I	11 II	lin. I	lin. II	11+lin. I	11+lin. II	11+lin. III	Kontrolle
Mill. Keime Einsaat	84	84	57	57	84 + 57	42 + 57	21 + 57	0
Löslicher N.	14,00	13,51	52,49	52,03	51,38	52,58	50,93	—
Aminosäuren-N. . .	− 1,11	− 1,11	32,41	32,04	29,09	29,09	29,46	—
Ammoniak-N. . . .	0,09	0,09	8,21	7,91	8,93	9,24	8,74	—
Reakt. geg. Lackm.	$2,45\ ^n/_{10}$ KOH sauer		alkalisch	alkalisch	alkalisch	alkalisch	alkalisch	$2,2\ ^n/_{10}$ KOH a. 10 ccm
Farbe	weiß		orange		orange	orange	orange	—
Bemerkungen . . .	—		—		Auf Platten etwa 2—5% Kokken neben Bct. linens			—
Geruch	—		käsig		käsig	käsig	käsig	—
Geschmack	—		,,		,,	,,	,,	—

Stamm 11 veränderte die Milch während der 2 Monate bei 15° äußerlich nicht. In den Symbiose-Proben trat anfangs eine schnellere Verfärbung ein als in den Linens-Kontrollen, nach 2 Monaten waren jedoch alle anfänglichen Unterschiede wieder ausgeglichen. Nach dem direkten mikroskopischen Bild und auf Platten war Bacterium linens stark vorherrschend, die Kokken dagegen nur noch in geringer Zahl lebend vorhanden. Stamm 11 hatte nur etwa 14% löslichen Stickstoff gebildet, außerdem Spuren von Ammoniak-Stickstoff, während der Wert für den Aminosäuren-Stickstoff gegen den der unbeimpften Kontrolle sogar zurückgegangen war (vgl. Stamm 10, Tab. 9). Der Eiweißabbau durch beide Stämme zusammen war, abgesehen von geringen Abweichungen bei den Werten für Aminosäuren- und Ammoniak-Stickstoff, ebenso verlaufen wie durch Bacterium linens allein.

Die im allgemeinen in ihren Eigenschaften sehr ähnlichen Kokken 10 und 11 zeigten auch bei der Eiweißzersetzung gewisse Übereinstimmungen, die selbst in der Art der Beeinflussung des Milchabbaus in Symbiose mit Bacterium linens noch bemerkbar waren.

Stamm 13

verhielt sich Milch gegenüber bei Temperaturen von 37—15° ziemlich indifferent. Es kam zu einer geringen Zellvermehrung, der Säuregrad stieg dabei langsam an; die Milch blieb unverändert weiß. Mit Bacterium linens zusammen dagegen entwickelten sich die Kokken viel stärker und wirkten dabei hemmend auf den Milchabbau ein. In seinem Verhalten und Wachstum auf Quarg glich Kokkus 13 den übrigen Säure-Lab-Kokken 7, 10 und 11. Auf Milchagarplatten wuchs Stamm 13 als gelblichbraune Kolonie, um die erst nach ca. 1 Monat eine ganz schmale aufgehellte Zone sichtbar wurde. Mit Bacterium linens konnten auf Milchagarplatten keine wesentlichen Beeinflussungen festgestellt werden.

Entsprechend den geringen Veränderungen der Milchen durch Kokkus 13 war auch chemisch nur eine schwache Eiweißspaltung festzustellen (siehe Tab. 12).

Tabelle 12. *Der Eiweißabbau in Milch durch Kokkus 13 allein und in Symbiose mit Bacterium linens nach 2 Monaten bei 15°.*

	13 I	13 II	lin. I	lin. II	13+lin. I	13+lin. II	13+lin. III	Kontrolle
Mill. Keime Einsaat	118	118	85	85	118 + 85	59 + 85	29,5 + 85	0
Löslicher N.	7,34	7,03	45,76	47,49	41,89	43,63	44,60	—
Aminosäuren-N.	— 1,16	— 1,16	24,33	23,75	15,93	18,25	19,69	—
Ammoniak-N.	0,19	0,24	5,59	5,19	5,59	6,02	6,37	—
Reakt. geg. Lackm.	2,50 $^n/_{10}$ KOH sauer	2,55 $^n/_{10}$ KOH sauer	alkalisch	alkalisch	alkalisch	alkalisch	alkalisch	2,25 $^n/_{10}$ KOH a. 10 ccm
Farbe	weiß		orange		graugelb	graugelb	graugelb	
Bemerkungen	—	—			Auf Platten 3—5% Kokken neben Bacterium linens			—
Geruch	—		käsig		käsig	käsig	käsig	—
Geschmack	—		,,		,,	,,	,,	—

Es waren etwa 7% löslicher und 0,2% Ammoniak-Stickstoff entstanden, während der in der Milch an sich vorhandene Aminosäuren-Stickstoff um 1,2% abgenommen hatte. Wie bei den Vorversuchen traten bei den Symbiose-Milchen besonders anfangs Störungen auf, die sich in den mit der größten Menge Kokken beimpften Proben am stärksten äußerten. Nach 2 Monaten zeigten sie einen etwas eigenartig grauorange Farbton. Bacterium linens wurde auf Platten vorwiegend,

Kokkus 13 nur sehr wenig nachgewiesen. In den Symbiose-Milchen wurde dem normalen Linens-Abbau gegenüber eine Verminderung an löslichem und Aminosäuren-Stickstoff und eine Vermehrung an Ammoniak-Stickstoff festgestellt. Kokkus 13 schloß sich in der Art des Eiweißabbaus den Stämmen 10 und 11 an, unterschied sich aber von ihnen durch die in Symbiose mit Bacterium linens verursachten stärkeren Hemmungen.

Stamm 8

wuchs in Milch und auf Quarg allein nicht, wohl aber mit Bacterium linens zusammen. Bei lange währenden Versuchen wurden die Kokken durch das üppige Wachstum der Stäbchen wieder unterdrückt. Die starke Beeinflussung durch Bacterium linens ließ sich besonders schön auf Milchagarplatten sichtbar machen. Kokkus 8 zeigte auch hier für sich allein kein Wachstum. Dagegen traten auf einer mit Kokkus 8 besäeten und mit einer großen Linens-Kolonie betupften Milchagarplatte bereits nach wenigen Tagen im weiten Umkreis um Bacterium linens überall die kleinen gelben Kokkenkolonien deutlich sichtbar hervor. Die große Entfernung, in der noch eine Beeinflussung der Kokken stattfand, war bezeichnend für die ausgedehnte Wirkungsweite der Bacterium Linens-Kolonie auf Milchagar, die anders weder durch Aufhellung noch durch sonst irgendeine Veränderung des Agars angezeigt wurde.

Eine Wachstumsförderung der Linensbakterien durch Kokkus 8 konnte nicht beobachtet werden. Auf Bouillonagarplatten wurde auch keine Wachstumsförderung der Kokken durch Bacterium linens bewirkt. Kokkus 8 wuchs auf der ganzen Platte gleich gut. Dies wird wohl damit zu erklären sein, daß Bacterium linens auf der Milchagarplatte erst die für die Entwicklung der Kokken günstigen Lebensbedingungen schaffen mußte, die in Bouillonagar von vornherein gegeben waren, mag es sich da nun um die schwach alkalische Reaktion oder um die leicht angreifbaren Peptone oder sonstige Faktoren handeln.

Bei den quantitativen chemischen Untersuchungen zeigte es sich, daß Kokkus 8 Milcheiweiß praktisch nicht zersetzte (vgl. Tab. 13). Auch die normalen Milchveränderungen durch Bacterium linens wurden durch die Kokken in keiner Weise beeinflußt, kein Unterschied in der Verfärbung trat auf, keine Veränderung des Geruchs und Geschmacks und auch keine wesentliche Abweichung in den Resultaten der Analysen. Zusammenhänge zwischen den Metabioseerscheinungen auf Milchagar und den Leistungen der beiden Stämme beim Eiweißabbau in Milch waren nicht zu erkennen.

Tabelle 13. *Der Eiweißabbau in Milch durch Kokkus 8 allein und zusammen mit Bacterium linens nach 2 Monaten bei 15°.*

	8 I	8 II	lin. I	lin. II	8+lin. I	8+lin. II	8+lin. III	Kontrolle
Mill. Keime Einsaat	124	124	85	85	124 + 85	62 + 85	31 + 85	0
Löslicher N	0,20	0,36	52,08	53,11	53,30	53,86	52,55	—
Aminosäuren-N	—	—	23,92	25,42	25,23	28,44	26,56	—
Ammoniak-N	—	—	6,31	7,15	6,40	7,94	7,25	—
Reakt. geg. Lackm.	2,15 $^n/_{10}$ KOH sauer	2,20 $^n/_{10}$ KOH sauer	alkalisch	alkalisch	alkalisch	alkalisch	alkalisch	2,10 $^n/_{10}$ KOH a. 10 ccm
Farbe	weiß		orangegelb	orange	orange	orange	orange	
Bemerkungen	—	—			Auf Platten etwa 2% Kokken neben Bacterium linens			—
Geruch	—	—	käsig	käsig	käsig	käsig	käsig	—
Geschmack	—	—	,,	,,	,,	,,	,,	—

Stamm 9

machte Milch stark alkalisch und färbte sie unter gleichzeitiger Peptonisation ganz allmählich braun. Bei 30 und 37° verliefen diese Veränderungen am schnellsten. Der Rückgang der Säure bei 18° wurde durch Titration verfolgt.

Auf 100 ccm Milch kamen nach:

	0 Tagen	11 Tagen	17 Tagen	22 Tagen
ccm $n/_{10}$-KOH	22	10	7	2,5
Farbe der Milch ...	weiß	etwas dunkler	schwach bräunlich	bräunlich

Mit Bacterium linens zusammen traten die Verfärbungen in Milch stärker auf, und zwar mehr nach rotorange hin.

Quarg wurde von den Kokken schnell überwachsen und abgebaut. Wie in Milch war der Geruch käsig, der Geschmack schwach bitter. In Symbiose mit Bacterium linens schien die Zersetzung etwas schneller vor sich zu gehen; es trat dabei eine mehr braunorange Färbung des Quargs auf. Auf Milchagar wuchs Kokkus 9 in grünlichgelben Kolonien. Eine deutliche Aufhellung trat nicht ein, erst ganz allmählich färbte sich der Agar etwas dunkler und wurde durchscheinend. Zwischen Bacterium linens und Kokkus 9 konnten keinerlei Wechselbeziehungen auf Platten beobachtet werden.

In den im Käsekeller bei 15° angestellten Milchversuchen waren nach 2 Monaten folgende Veränderungen aufgetreten. Stamm 9 hatte die Milchen hellbraun verfärbt. Die Symbiose-Milchen waren wie bei den Vorversuchen mehr rotorange und schienen wohl stärker zersetzt als die Linens-Kontrollen. Das Eiweißspaltungsvermögen der Kokken war recht erheblich. Es wurden etwa 33% löslicher Stickstoff, 17% Aminosäuren-Stickstoff, aber auffallend wenig, nur etwa 0,2% Ammoniak-Stickstoff, gebildet. Der Abbau des Bacterium linens wurde durch die Kokken durch Vermehrung des Aminosäuren-Stickstoffs um etwa 5% und des Ammoniak-Stickstoffs um reichlich 4% nur in der Tiefe, im Umfang dagegen nicht wesentlich erweitert.

Tabelle 14. *Der Eiweißabbau in Milch durch Kokkus 9 allein und in Symbiose mit Bacterium linens nach 2 Monaten bei 15°.*

	9 I	9 II	lin. I	lin. II	9+lin. I	9+lin. II	9+lin. III	Kontrolle
Mill. Keime Einsaat..	66	66	85	85	66 + 85	33 + 85	16,5 + 85	0
Löslicher N	34,37	31,55	52,08	53,11	54,80	54,05	52,64	—
Aminosäuren-N ...	17,33	16,01	23,92	25,42	30,13	31,07	31,64	—
Ammoniak-N	0,24	0,18	6,31	7,15	11,20	11,86	11,77	—
Reaktion geg. Lackmus	alkalisch		alkalisch		alkalisch	alkalisch	alkalisch	sauer
Farbe	braunorange		gelborange		rötlichorange			—
Bemerkungen	—		—		Auf Platten 5—10% Kokken neben Bacterium linens			—
Geruch	käsig		käsig		käsig	käsig	käsig	—
Geschmack	käsig, schwach bitter		,,		,,	,,	,,	—

IIIc. *Bacterium linens und Corynebakterien.*

Aus allen Proben der Käserotschmiere wurden Corynebakterien isoliert. Sie scheinen dort häufiger und vielleicht allgemein vorzukommen und als Farbstoffbildner eine Rolle zu spielen. *Henneberg* isolierte eine ganze Reihe von Arten aus der Milch, aus Butter und Käse (vgl. Wandtafeln, Verlag P. Parey, Berlin). Auch *Wolff*[47] fand sie bei seinen Untersuchungen über Rotschmiere. Einige von ihm als Kurzstäbchen beschriebene und als Organismus II, III und IX bezeichnete Stämme gehören entsprechend neueren Untersuchungen von *Kisskalt* und *Berend*[31] zu den Corynebakterien.

Die von mir untersuchten Stämme waren alle sehr salzfest, leicht nach Gram, nicht nach Ziehl färbbar, bildeten kein Indol und keinen Schwefelwasserstoff. In morphologischer wie in physiologischer Hinsicht wurden im übrigen die größten Verschiedenheiten beobachtet. Eine Übersicht über die wichtigsten Eigenschaften gibt die Tab. 15, S. 30 u. 31.

Zucker wurden nur von Stamm 19 gesäuert, die übrigen bildeten meist durch Eiweißzersetzung Alkali oder Lackmus reduzierende Stoffe. Auf Platten wuchsen alle zwischen 37 und 9°, das Optimum lag zwischen 20 und 30°. Bei der Züchtung der Stämme fiel die stark variierende Form und Größe der Zellen auf; eine bestimmte Zellform war jedoch für jede Art besonders typisch und konnte immer wieder beobachtet werden. Daneben fanden sich — meist auf besonderen Nährböden oder in alten Kulturen — ganz andersartige Zellen, verzweigte oder kokkenähnliche Formen, oder auch unregelmäßige, meist langgestreckte Stäbchen, in deren Innern zuweilen stärker lichtbrechende Körper sichtbar waren. Diese Körperchen färbten sich mit Methylenblau deutlich dunkler, so daß dann die Zelle unterbrochen gefärbt erschien. Die Ränder der Zelle waren dabei sehr wenig scharf. Es machte ganz den Eindruck eines unter Zusammenziehung des Plasmas vor sich gehenden Zellzerfalls. Diese eigenartigen Erscheinungen sind in Abb. 5 dargestellt.

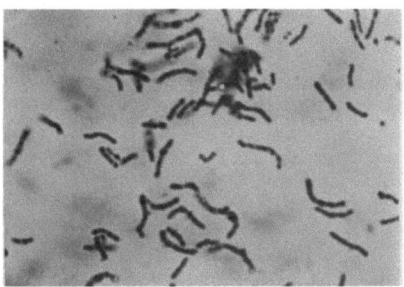

Abb. 5. 1000 fache Vergrößerung.

Es handelte sich um ein vitalgefärbtes, einfaches, von einer Kartoffelkultur angefertigtes Präparat von Corynebacterium 19. In der ganzen Kultur wurden normale Zellen kaum gefunden. Dagegen konnten nach Abimpfung und 24stündiger Bebrütung in Bouillon bei 30° fast nur mehr typische Formen festgestellt werden.

Eine ganz ähnliche Beobachtung wurde bei Corynebacterium 15 gemacht. Dieser Stamm wuchs auf Bouillonagar als grünlichgraue Kolonie. Nach einigen Wochen bildeten sich um manche dieser etwas dickeren Primärkolonien eine ganz

Tabelle 15. *Übersicht über die wichtigsten*

Stamm	Mikroskopisches Bild im Bouillon-Federstrich	Kolonie auf Bouillonagar	Wachstum auf Kartoffel	Wachstum auf Quarg	Wachstumoptimum	Fettspaltung	Bildung Glycerin	Bildung Mannit
15	Kurzstäbchen, verschieden groß, abgerundete Zellenden 0,4—0,8 × 0,8—2,5 μ	blaß, grünlichgelb, groß	sehr gut, grünlich-gelb	} gut	30—20°	+	—	—
16	Kurzstäbchen, in Größe variierend. 0,4—0,8 × 0,8—4 μ	grünlichgelb, groß	gut, gelb.	} gut	30—20°	+	—	—
17	*Lange* und kurze Stäbchen, gerade oder gebogen 0,5—0,8 × 2—6 μ	leuchtend orange, groß, erhaben	sehr gut orange, dicke Kolonie	} gut	30—20°	(+)	—	—
18	Kurzstäbchen-Kokken, in Haufen oder Ketten 0,6—1 × 1—2,5 μ	grauweiß, klein	} —		30°	—	—	—
19	*Lange* oder kurze Stäbchen, gebogen, Enden abgerundet 0,4—0,7 × 2—6 μ	gelborange, mäßig groß	gut graugelb	} mäßig	20°	—	+	+
20	Kurzstäbchen-Kokken, in Ketten oder Haufen 0,6—1 × 1—3 μ	grünlichgelb, groß	mäßig, gelb	} mäßig	30°	—	—	—

dünn auf dem Agar aufliegende, am Rande feinzackige Sekundärkolonie. Bei der mikroskopischen Untersuchung stellte sich heraus, daß in den Primärkolonien nur

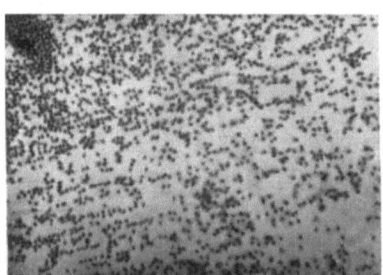

Abb. 6. 500 fache Vergrößerung.

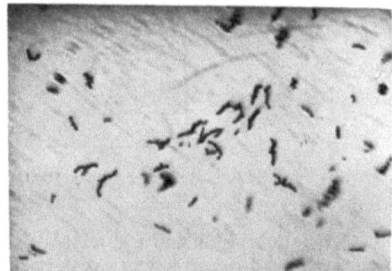

Abb. 7. 500 fache Vergrößerung.

Kokken- und Kurzstäbchenformen vorhanden waren (Abb. 6), während in den Sekundärkolonien ganz unregelmäßige, vielfach verzweigte Stäbchen vorkamen (Abb. 7).

Bei genauerer Betrachtung war hier ebenfalls eine nicht ganz gleichmäßige Färbung der Zellen zu erkennen, eine so typische Körnchenbildung, wie in Abb. 5,

Eigenschaften der Corynebakterien.

von Säure aus					Reduktion von		Verflüssigung von Gelatine			Verhalten in Milch				Milcheiweißabbau nach 2 Monaten bei 15°		
Arabinose	Glucose	Lactose	Raffinose	Salicin	Lackmus	Nitrat	Bouillon-	Traubenzucker-	Milchzucker-	Alkali	Säure	Gerinnung	Farbe	Löslich. N %	Aminos.-N %	NH₃-N %
−	−	−	−	−	+	+	++	+	+	(+)	−	bei 30 u. 37° flockig Reakt.:neutr.	rötlich-braun	65	48	12,2
−	−	−	−	−	+	−	+	(+)	(+)	(+)	−	bei 37° flockig Reakt.:neutr.	rötlich-braun	62	47,5	9,4
−	−	−	−	−	+	(+)	(+)	−	−	+	−	bei 37° gelatinös	schwach bräunlich	18	9	1,2
−	+	−	−	−	−	+	−	−	−	(+)	−	−	weiß	0	0	0,3
+	+	−	−	+	−	−	(+)	−	−	−	(+)	−	weiß	9	0	0,4
−	−	−	−	−	+	(+)	++	+	+	−	(+)	bei 30 u. 37° Lab. schwach sauer	ganz schwach bräunlich	16	8,5	0,5

war allerdings nicht aufgetreten. Nach Abimpfung dieser Stäbchen in Bouillon und 24 stündiger Aufbewahrung bei 30° wurden nur noch kokkenähnliche Formen, zum Teil Ketten zusammenhängend, gefunden.

Bei allen Corynebakterien wurden im Laufe der Untersuchungen solche oder ähnliche seltene Zellbildungen beobachtet. Sie wurden durch exakte Zeichnungen im Bild festgehalten und mit den normalen Formen in einer Tafel zusammengestellt. In der Literatur ist hierüber bereits manches berichtet. So beobachtete *Spirig*[43] bei Corynebacterium diphtheriae ungleich große, kugelige Gebilde, die in einer sehr schwer sichtbaren Scheide unregelmäßig reihenförmig angeordnet waren. Sie traten durch einfache Färbung deutlicher hervor. *Spirig* konnte weiter verfolgen, wie diese Körperchen sich umgestalteten und wieder zu normalen Stäbchen wurden. Diese als Gonidien bezeichneten kugeligen Körper wurden auch von *de Negri*[38], *Almquist* und *Koraen*[1] und von *Mellon*[36] beobachtet. Solche in neuerer Zeit an mehreren Corynebakterien von *Enderlein*[10] ganz eingehend untersuchten und beschriebenen Erscheinungen wurden von ihm in Beziehung gebracht zur Cyclogenie dieser Bakterien.

Nach den Angaben in der Literatur scheint Corynebacterium 17 nahe verwandt oder gar identisch mit Corynebacterium bruneum (*Schröter*[33]). Die Stämme 15 und 16 stehen dem Corynebacterium erythrogenes (*Grotenfelt*[25, 33]) und dem von *Wolf*[46] in der Rotschmiere gefundenen Organismus II sehr nahe.

Das Verhalten der Corynebakterien in Milch, auf Milchagar und Quarg für sich allein und zusammen mit Bacterium linens.

Stamm 15

veränderte Milch bei 45° nicht. Bei 37° wurde sie nach einiger Zeit schwach rosa verfärbt und im unteren Teil des Röhrchens bei neutraler Reaktion dick gelegt. Eine weitere Zersetzung trat während eines Monats nicht ein. Dagegen wurde Milch bei Temperaturen von 30, 18 und 15° sehr schnell peptonisiert. Nach wenigen Tagen begann der Abbau, am schnellsten und stärksten bei 30°. Die Milch wurde von oben her bräunlich, während am Boden des Röhrchens zuweilen ein flockiges Gerinnsel entstand. Nach einigen Wochen war die ganze Flüssigkeit rötlichbraun und fast klar. Dabei war die Reaktion gegen Lackmus lange Zeit sauer bis neutral. Der mit der Verfärbung der Milch langsam fortschreitende Säurerückgang wurde durch Titration verfolgt.

Auf 100 ccm Milch wurden titriert nach:

	0 Tagen	3 Tagen	11 Tagen
ccm $n/_{10}$-KOH	22	19	18
Farbe der Milch ...	weiß	etwas dunkler	rötlichweiß

Mit Bacterium linens zusammen nahm der Milchabbau, abgesehen von einer etwas stärkeren Rotfärbung, einen ähnlichen Verlauf wie durch Stamm 15 allein. Quarg wurde bei Zimmertemperatur durch die Corynebakterien etwas rötlich verfärbt und sehr stark zersetzt. Der Geruch und Geschmack war typisch käsig. Bei Symbioseversuchen mit Bacterium linens wurde neben der recht kräftigen Eiweißspaltung ebenso wie bei den Milchversuchen eine verstärkte Rotfärbung beobachtet. Auf Milchagar bildete Corynebacterium 15 grau-grünlichgelbe Kolonien, die nach wenigen Tagen den Milchagar in weitem Umkreis um sich herum total aufhellten. Bei Symbiosestudien auf Platten traten Erscheinungen auf, wie sie bei Kokkus 7 beobachtet und beschrieben wurden (vgl. S. 22). Auf einer mit den Corynebakterien reichlich besäten Milchagarplatte war nach 3 Tagen um die aufgetupfte Linens-Kolonie herum eine total aufgehellte Zone entstanden, in der die kleinen Corynebakterienkolonien sich viel üppiger entwickelten als auf der übrigen Platte. Mit dem Auftreten der Metabioseerscheinung war demnach gleichzeitig eine durch die Aufhellung des Agars angezeigte verstärkte Caseinzersetzung verbunden. Bacterium linens allein hatte nach 3 Tagen die Platte noch nicht sichtbar verändert. Durch einen weiteren Versuch konnte eine, wenn auch nur schwache Wachstumsförderung kleiner Linens-Kolonien durch eine große Corynebacterium 15-Kolonie beobachtet werden.

Bei den quantitativen Milchversuchen wurden durch Corynebacterium 15 in den Symbiose-Milchen gar die in 10mal so großer Menge eingesäten Linensstäbchen im Laufe des Versuches total unterdrückt. Bacterium linens war zum Schluß auf Platten nur noch zu 1—5% nachzuweisen. Der Abbau verlief in den Symbiose-Proben anfangs etwas schneller als in den Linens- und Corynebacterium 15-Kontrollen. Nach 2 Monaten bestand äußerlich kein großer Unterschied mehr. Die Milchen waren alle total abgebaut, orange und rötlichorange (siehe Tab. 16). Corynebacterium 15 hatte Milcheiweiß außerordentlich stark zersetzt. Die Analysen ergaben etwa 65% löslichen, 48% Aminosäuren- und 12,2% Ammoniak-Stickstoff. Die Symbiose-Milchen I und II zeigten praktisch dieselben Werte, III war auffallend rot und besaß einen um 2% höheren Ammoniak-Stickstoffgehalt. Direkt mikroskopisch und durch Abimpfung auf Platten konnte bei Probe III nichts Außergewöhnliches festgestellt werden.

Tabelle 16. *Der Eiweißabbau in Milch durch Corynebacterium 15 allein und in Symbiose mit Bacterium linens nach 2 Monaten bei 15°.*

	15 I	15 II	lin. I	lin. II	15+lin. I	15+lin. II	15+lin. III	Kontrolle
Mill. Keime Einsaat	20	20	50	50	20 + 50	10 + 50	5 + 50	0
Löslicher N	65,50	63,94	48,95	47,47	65,55	65,83	62,71	—
Aminosäuren-N . .	48,39	46,87	29,61	29,51	47,06	44,03	47,06	—
Ammoniak-N . . .	12,22	12,17	6,50	5,45	12,19	12,28	14,05	—
Reakt. geg. Lackmus	alkalisch	alkalisch	alkalisch	alkalisch	alkalisch	alkalisch	alkalisch	schwach sauer
Farbe	rötlichbraun	rötlichbraun	orangegelb	orangegelb	rötlichbraun	rötlichbraun	schmutzig-rot	weiß
Bemerkungen . . .	—	—	—	—	Bacterium linens auf Platten nur noch zu etwa 1—5% vorhanden			—
Geruch	käsig-faulig süßlich	käsig-faulig süßlich	käsig	käsig	käsig-faulig	käsig-faulig	käsig-faulig	—
Geschmack	käsig-faulig süßlich	käsig-faulig süßlich	käsig	käsig	käsig-faulig	käsig-faulig	käsig-faulig	—

Stamm 16 zeigte in allen seinen Eigenschaften eine sehr große Ähnlichkeit mit Corynebacterium 15. In Milch kam es bei 37° nach einiger Zeit zu einer unvollständigen Labgerinnung bei neutraler Reaktion. Weitere tiefgreifende Zersetzungen traten nicht ein. Bei 30° wurde Milch am schnellsten verändert, bei 18 und 15° langsamer, aber in derselben Weise. Der Abbau begann mit einer Braunfärbung der Milch von oben her. Dabei bildete sich in den ersten Wochen häufiger ein weißlich-flockiges Gerinnsel. Später wurde die Milch grünlichgrau oder deutlich rot. Mit dem Eiweißabbau lief ein langsamer Säurerückgang parallel. Titrationen ergaben fast dieselben Werte, wie sie bei Stamm 15 gefunden wurden. Nach einem Monat wurde häufiger bei total abgebauter Milch noch neutrale Reaktion gegen Lackmus festgestellt. Mit Bacterium linens zusammen wurde Milch bei Zimmertemperatur anfangs in genau derselben Weise verändert wie die Corynebacteriumkontrolle, nach 1½ Monaten jedoch trat eine ganz deutliche Rotfärbung auf. Quarg wurde von grünlichgelben Zellmassen überwachsen und stark abgebaut. Bei Gegenwart von Bacterium linens wurde eine mehr bräunliche Verfärbung der Oberfläche und eine deutliche Rötung des Nährbodens beobachtet. Auf Milchagarplatten bildete Corynebacterium 16 große, grünlichgelbe Kolonien, die schon nach einigen Tagen den Nährboden stark aufhellten. In Symbiose mit Bacterium linens traten wieder ganz ähnliche Erscheinungen auf wie bei Corynebacterium 15 und bei Kokkus 7. Sie sind in Abb. 8, S. 34 wiedergegeben.

Auf der 3 Tage alten Milchagarplatte treten um die beiden Linens-Kolonien herum in der aufgehellten Zone bereits ganz deutlich die kleinen Corynebacterium 16-Kolonien hervor, während sie auf der übrigen Platte noch kleiner und nicht ohne weiteres zu erkennen sind. Mit der Wachstumsförderung der Corynebakterien ist aufs engste verknüpft eine verstärkte Eiweißspaltung, die zu einer totalen Aufhellung des Milchagars führt. In der Linens-Kontrolle (siehe S. 21, Abb. 3) ist nach 3 Tagen noch keine Veränderung des Milchagars sichtbar. Durch Umkehrung der Versuchsanordnung konnte auch eine geringe Wachstumsförderung der kleinen Linens-Kolonien durch eine große Corynebakterienkolonie festgestellt werden.

Die bei Käsereifungstemperatur angestellten Eiweißabbauversuche zeigten folgenden Verlauf (vgl. Tab. 17).

Tabelle 17. *Der Eiweißabbau in Milch durch Corynebacterium 16 allein und in Symbiose mit Bacterium linens nach 2 Monaten bei 15°.*

	16 I	16 II	lin. I	lin. II	16+lin. I	16+lin. II	16+lin. III	Kontrolle
Mill. Keime Einsaat .	24	24	50	50	24 + 50	12 + 50	6 + 50	0
Löslicher N	60,98	63,27	48,95	47,47	63,87	64,32	64,51	—
Aminosäuren-N . . .	48,54	46,34	29,61	29,51	48,58	48,92	46,31	—
Ammoniak-N . . .	9,15	9,63	6,50	5,45	10,53	11,67	10,72	—
Reakt. geg. Lackmus	alkalisch		alkalisch		alkalisch	alkalisch	alkalisch	schwach sauer
Farbe	rötlichorange		gelborange		rotorange			weiß
Bemerkungen . . .	Milch etwas schleimig-fadenziehend		—		Bacterium linens nur noch zu etwa 10—20%. Milch schwach fadenziehend-schleimig			—
Geruch	käsig		käsig		käsig-faulig			—
Geschmack	käsig-süßlich		,,		etwas süßlich			—

Corynebacterium 16 hatte die Milch nach 2 Monaten durch und durch braun gefärbt und total abgebaut; in Symbiose mit Bacterium linens herrschte ein mehr rötlichbrauner Farbton vor. Alle diese Proben waren etwas fadenziehend-schleimig. Stamm 16 hatte Milcheiweiß fast ebenso stark zersetzt wie

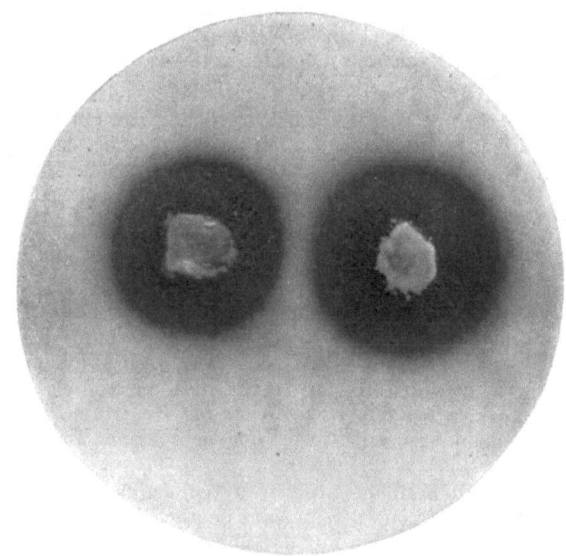

Abb. 8. Bacterium linens und Corynebacterium 16 auf Milchagar nach 3 Tagen.

Corynebacterium 15. Es waren dabei etwa 62% löslicher Stickstoff, 47,5% Aminosäuren- und 9,4% Ammoniak-Stickstoff gebildet worden. Abgesehen von einer geringen Erhöhung des Ammoniak-Stickstoffs ergaben die Symbiose-Milchen dieselben Resultate, der Abbau war ganz im Sinne der Corynebakterien verlaufen. Nach den Feststellungen auf Platten war Bacterium linens an Zahl dem Corynebacterium 16 unterlegen.

Bacterium linens und die beiden Corynebakterien 15 und 16 zeigten gewisse Übereinstimmungen untereinander in ihrem Verhalten zur Milch. Alle 3 Stämme bauten bei langsamem Säurerückgang das Eiweiß ab, wobei beträchtliche Mengen löslichen, Aminosäuren- und Ammoniak-Stickstoffs gebildet wurden. Bacterium linens stand nur in der Quantität der Zersetzungsprodukte den beiden Corynebakterien nach, die Richtung des Abbaues war dieselbe. Die Resultate der Symbiosenuntersuchungen mögen deshalb wohl darin ihre Erklärung finden, daß durch das viel umfassendere Spaltungsvermögen der Corynebakterien auch gerade alle diejenigen Teile des Eiweißes angegriffen wurden, die vom Bacterium linens zersetzt werden konnten. Damit war ein an Umfang über die Wirkungsweite der Corynebakterien hinausgehender Abbau auch mit Bacterium linens zusammen nicht denkbar. Die auf den Symbiose-Milchagarplatten entstandenen Aufhellungszonen waren auf eine anfänglich verstärkte Caseinspaltung zurückzuführen, die auch in den Symbiose-Milchen bei Stamm 15 stets beobachtet wurde. Auf den Endwert blieb dies ohne Einfluß.

Stamm 17

entwickelte sich in Milch zwischen 37 und 15° nahezu in gleicher Weise, bei 37 und 30° etwas schneller als bei niedrigeren Temperaturen. Schon nach wenigen Tagen bildete sich auf der Oberfläche eine schöne orange Haut, die im Laufe der Zeit tiefer in die Milch hineinwuchs, häufiger auch an den Wänden des Gefäßes emporstieg. Allmählich wurden auch am Boden des Röhrchens orange Zellmassen sichtbar. Die Milch blieb dabei lange Zeit rein weiß, nur direkt unter der Haut wurde eine dünne Schicht bräunlich durchscheinend. Zuweilen konnte auch eine unvollständige Labgerinnung beobachtet werden. Die Säure der Milch ging sehr schnell zurück. Auf 100 ccm Milch bei 18° wurden titriert nach:

	0 Tagen	3 Tagen	5 Tagen	11 Tagen
$n/10$ ccm KOH	22	14,5	10	7

Bei Beimpfung einer Milch mit Stamm 17 und Bacterium linens zusammen entwickelte sich zunächst das Corynebacterium auf der Oberfläche in typischer Weise als dicke Haut. Allmählich begann darunter infolge von Entwicklung der Linensbakterien ein stärkerer Eiweißabbau. Corynebakterium 17 schien sich danach nicht weiter mehr auszubreiten. Auf Quarg bedeckte Corynebacterium 17 bald die ganze Oberfläche mit seinen dicken, leuchtend orangefarbenen Zellmassen, ohne jedoch das Eiweiß stark zu zersetzen. Zusammen mit Bacterium linens trat anfangs ganz dasselbe Bild auf, doch allmählich setzte sich Bacterium linens durch, und nun verlief der Abbau dem Aussehen nach wie in der Linens-Kontrolle. Auf Milchagar entstand um die dicke orangefarbene Corynebakterienkolonie in den ersten Tagen ein weißer Ausfällungshof, der durch weitere Zersetzungen wieder verschwand und dabei etwas dunkler durchscheinend wurde als die übrige Platte. Mit Bacterium linens zusammen konnte für beide Stämme weder eine deutliche Förderung noch eine Hemmung im Wachstum beobachtet werden. Bei den quantitativen Versuchen traten folgende Veränderungen der Milchen ein (vgl. Tab. 18, S. 36).

Corynebacterium 17 entwickelte sich typisch. In den Symbiose-Proben trat anfangs deutlich die dicke Corynebakterienhaut auf, bis allmählich Bacterium linens die Milch durch und durch orange verfärbte. Der Eiweißabbau durch Corynebacterium 17 war trotz starker Entwicklung der Bakterien sehr gering. Es waren nur etwa 18% löslicher Stickstoff, 9% Aminosäuren- und 1,2% Ammoniak-Stickstoff gebildet worden. Gegenüber den Bacterium linens-Kontrollen war in den Symbiose-Milchen die ganz wesentliche Vermehrung des Ammoniak-Stickstoffs

Tabelle 18. *Der Eiweißabbau in Milch durch Corynebacterium 17 allein und in Symbiose mit Bacterium linens nach 2 Monaten bei 15°.*

	17 I	17 II	lin. I	lin. II	17+lin. I	17+lin. II	17+lin. III	Kontrolle
Mill. Keime Einsaat	40	40	60	60	40 + 60	20 + 60	10 + 60	0
Löslicher N	18,58	17,82	47,42	48,37	47,80	47,70	48,18	—
Aminosäuren-N . .	10,04	8,51	27,39	27,39	29,69	28,75	28,93	—
Ammoniak-N . . .	1,15	1,24	8,52	8,33	15,32	14,75	14,27	—
Reakt. geg. Lackmus	stark alkalisch		alkalisch		stark alkalisch			sauer
Farbe	schwach bräunl., orange Zellhaut		orange		dunkelorange			—
Bemerkungen . . .	—	—			Stamm 17 zu etwa 3—5% neben Bacterium linens auf Platten			—
Geruch	ganz schwach		käsig		käsig	käsig	käsig	—
Geschmack	käsig		,,		,,	,,	,,	—

um 6% und ein schwaches Anwachsen des Aminosäuren-Stickstoffs eingetreten. Bacterium linens wurde auf Platten in überwiegender Zahl gegenüber den Corynebakterien nachgewiesen.

Stamm 19.

Bei 18 und 30° war in Milch nach etwa 1 Monat an der Oberfläche eine ganz schwache Peptonisation eingetreten. Dabei war der Säuregrad etwas gestiegen, die Milch fadenziehend-schleimig. Mit Bacterium linens zusammen verlief der Abbau äußerlich wie in der Linens-Kontrolle. Auf Quarg trat bei gutem Wachstum der Corynebakterien nur eine geringe Eiweißspaltung ein. Der Geruch und Geschmack war wie in Milch ganz schwach käsig-bitter. Die Entwicklung und Wirkung des Bacterium linens auf Quarg wurde durch Corynebacterium 19 nicht merklich beeinflußt. Auf Milchagar wuchs Corynebacterium 19 als bräunlichgelbe Kolonie, ohne die Platte irgendwie sichtbar zu verändern.

Die Ergebnisse der quantitativen Milchuntersuchungen sind in Tab. 19 zusammengestellt.

Tabelle 19. *Der Eiweißabbau in Milch durch Corynebacterium 19 allein und in Symbiose mit Bacterium linens nach 2 Monaten bei 15°.*

	19 I	19 II	lin. I	lin. II	19+lin. I	19+lin. II	19+lin. III	Kontrolle
Mill. Keime Einsaat	60	60	80	80	60 + 80	30 + 80	15 + 80	0
Löslicher N	7,64	9,98	50,83	50,64	32,90	31,97	46,76	—
Aminosäuren-N . .	0	0,55	30,23	28,46	16,63	18,11	25,43	—
Ammoniak-N . . .	0,46	0,46	8,53	6,74	3,68	2,46	6,10	—
Reakt. geg. Lackm.	2,35 $^n/_{10}$ KOH sauer	2,30 $^n/_{10}$ KOH sauer	alkalisch		sauer	sauer	schwach sauer	2,1 $^n/_{10}$ KOH a. 10 ccm
Farbe	weiß		orange		ganz schwach orange	schwach orange		—
Bemerkungen . .	Milch etwas schleimig		—		Milch etwas schleimig. Stamm 19 auf Platten zu etwa: 18—20%	5—10%		—
Geruch	—		käsig		schwach	käsig		—
Geschmack . . .	ganz schwach bitter		,,		käsig	,,		—

Die mit Corynebakterien beimpften Milchen waren nach 2 Monaten noch unverändert weiß, etwas schleimig, der Säuregrad wenig gestiegen. Durch chemische Analysen konnte eine ganz geringe Eiweißspaltung festgestellt werden. Es waren etwa 9% löslicher Stickstoff, Spuren von Aminosäuren- und Ammoniak-Stickstoff entstanden. Bei den Symbiose-Proben traten zu Anfang die Verfärbungen früher ein als in den Linens-Kontrollen, blieben dann aber im Laufe des Versuches stark zurück. Die bereits äußerlich wahrnehmbaren Störungen kamen noch deutlicher in den Resultaten der chemischen Analysen zum Ausdruck. Es waren ganz bedeutende Hemmungen im normalen Linens-Abbau eingetreten; Milch III, die mit der kleinsten Menge Corynebakterien beimpft war, zeigte dabei die geringsten Abweichungen. In allen 3 Milchen konnte Corynebacterium 19 mittels der Plattenmethode in mäßig großer Zahl neben sehr vielen Linensbakterien nachgewiesen werden.

Stamm 18

vermehrte sich weder in Milch noch auf Quarg. Mit Bacterium linens zusammen dagegen vermochte er sich sehr wohl zu entwickeln. Dabei traten besonders in Milch stärkere Hemmungen im Abbau ein. Corynebacterium 18 wuchs auf Milchagar außerordentlich schwach als weiße Kolonie. Durch Bacterium linens konnte eine deutliche Wachstumsförderung der Corynebakterien auf Platten dargestellt werden. Die quantitativen Milchversuche bestätigten die bei den Vorversuchen angestellten Beobachtungen (vgl. Tab. 20).

Tabelle 20. *Der Eiweißabbau in Milch durch Corynebacterium 18 allein und in Symbiose mit Bacterium linens nach 2 Monaten bei 15°.*

	18 I	18 II	lin. I	lin. II	18+lin. I	18+lin. II	18+lin. III	Kontrolle
Mill. Keime Einsaat	104	104	80	80	104 + 80	52 + 80	26 + 80	0
Löslicher N	0	0	50,83	50,64	23,38	23,38	23,10	—
Aminosäuren-N . .	0	0	30,23	28,46	5,36	5,54	4,62	—
Ammoniak-N . . .	0,27	0,36	8,53	6,74	3,69	3,69	3,97	—
Reakt. geg. Lackm.	1,95 $^n/_{10}$-KOH sauer		alkalisch		neutral	neutral	neutral	2,10 $^n/_{10}$ KOH a. 10 ccm
Farbe	weiß		orange		wenig dunkler als die Kontrolle			—
Bemerkungen . . .	—		—		Stamm 18 zu 3—5% neben Bacterium linens auf Platten			—
Geruch	—		käsig		schwach käsig			—
Geschmack	—		„		desgl.			—

In den mit Corynebacterium 18 beimpften Milchen konnte keine Eiweißzersetzung festgestellt werden. Die Symbiose-Proben zeigten anfangs ganz normale Abbauerscheinungen, doch blieben sie später den Linens-Kontrollen gegenüber stark zurück. Die Analysen ergaben, daß diese Milchen nur höchstens halb so stark abgebaut waren wie die Linens-Proben. Die Reaktion war neutral. Bacterium linens hatte sich nur schwach vermehrt. Corynebatcerium 18 konnte in allen 3 Milchen in geringer Zahl mittels Platten nachgewiesen werden.

Stamm 20

verursachte in Milch bei 30° nach 1 Monat eine glatte Säure-Lab-Gerinnung, bei 37° kam es nur zu einer sehr unvollständigen Ausflockung des Caseins. Bei 18° zeigte sich nach 2 Monaten neben einer lockeren, flockigen Gerinnung eine von der Oberfläche her beginnende schwache Peptonisation. Die Reaktion war sauer.

Mit Bacterium linens zusammen verlief der Abbau etwas langsamer als bei der Linens-Kontrolle; außerdem trat statt der schönen orange mehr eine graubraune Verfärbung ein. Auf Quarg zeigten die Corynebakterien nur ein ganz unbedeutendes Wachstum. Der Eiweißabbau des Bacterium linens wurde durch Stamm 20 nicht sichtbar beeinflußt. Auf Milchagar bildeten die Corynebakterien hellgrünliche Kolonien, von einer schmalen und schwach aufgehellten Zone umgeben. Durch Bacterium linens wurde eine deutliche Wachstumsförderung der Corynebakterien bewirkt.

Die bei Käsereifungstemperatur angestellten Milchversuche zeigten folgenden Verlauf (vgl. Tab. 21).

Tabelle 21. *Der Eiweißabbau in Milch durch Corynebacterium 20 allein und in Symbiose mit Bacterium linens nach 2 Monaten bei 15°.*

	20 I	20 II	lin. I	lin. II	20 + lin. I	20 + lin. II	20 + lin. III	Kontrolle
Millionen Keime Einsaat	48	48	57	57	48 + 57	24 + 57	12 + 57	0
Löslicher N	16,12	15,94	52,49	52,03	46,69	infiziert	55,71	—
Aminosäuren-N	9,21	7,74	32,41	32,04	27,62	—	34,80	—
Ammoniak-N	0,73	0,36	8,21	7,91	4,96	—	6,81	—
Reaktion gegen Lackmus	sauer	sauer	alkal.	alkal.	alkalisch	—	alkalisch	sauer
Farbe	ganz schwach bräunlich, besonders oben		orange	orange	graubraun	—	graubraun	—
Bemerkungen	—	—	—	—	Die Corynebakterien zu 1—3% neben Bacterium linens auf Platten			—
Geruch	—	—	käsig	käsig	käsig	käsig	—	—
Geschmack	—	—	,,	,,	,,	,,	—	—

Die Corynebacterium 20-Milch war nach 2 Monaten nur wenig dunkler und von oben her etwas abgebaut. Dabei waren etwa 16% löslicher Stickstoff, 8% Aminosäuren- und etwa 0,5% Ammoniak-Stickstoff entstanden. Die Symbiose-Milchen verfärbten sich zu Anfang schneller und stärker als die Kontrollen. Später glichen sich diese Unterschiede aus; der Farbton wurde wie bei den Vorversuchen nicht so schön orange, sondern vielmehr graubraun. Corynebacterium 20 wurde mittels der Plattenmethode in ziemlich großer Zahl neben Bacterium linens festgestellt. Alle mit Corynebacterium 20 beimpften Milchen waren etwas schleimig. Nach den Resultaten der chemischen Analysen hatte eine reichliche Beimpfung einer Bacterium linens-Milch mit Corynebacterium 20 eine geringe Hemmung, eine schwache Beimpfung dagegen eine ebenso unbedeutende Förderung im Eiweißabbau bewirkt.

IIId. *Bacterium linens und farbstoffbildende Kurzstäbchen (zweifelhafte Corynebakterien).*

Die beiden Stämme 5 und 6 wurden als farbstoffbildende Kurzstäbchen und zweifelhafte Corynebakterien bezeichnet. Sie zeigten eine größere Gleichmäßigkeit in der Form der Zellen; auch die bei den Corynebakterien häufiger beobachtete Gonidienbildung wurde nicht bemerkt. Andererseits waren so große Übereinstimmungen mit Bacterium linens vorhanden, daß sie als wenig aktive Varianten desselben aufgefaßt werden könnten. In der Tab. 22 ist Bacterium linens zum Vergleich mit angeführt. Damit würden die Stämme 5 und 6 ebenfalls in die Nähe von

Corynebacterium bruneum zu stellen sein. 6 wurde von *Henneberg* isoliert. 5 kam häufiger, aber nur in geringer Zahl neben vielen Arten von Kokken, Corynebakterien und Kurzstäbchen in der Rotschmiere vor. Gerade wegen der großen Ähnlichkeit mit Bacterium linens wurden diese beiden Stämme zur weiteren Bearbeitung ausgewählt.

In der Form der Zellen und in der Farbe der Kolonien dem Bacterium linens sehr ähnlich, unterschieden sie sich doch sehr wesentlich durch ihre geringe Gelatineverflüssigung und ihren nur sehr schwachen Milchabbau. In Bouillon und auf Bouillonagar wurde bei Temperaturen von 20—30° stets sehr gutes Wachstum beobachtet. Einzelheiten sind aus der Tab. 22, S. 40 ersichtlich.

Das Verhalten der Kurzstäbchen in Milch, auf Milchagar und Quarg für sich allein und zusammen mit Bacterium linens.

Stamm 6

veränderte Milch nur wenig. Bei 30° kam es nach 1 Monat zu einer unvollständigen Labgerinnung. Die Säure der Milch ging sehr langsam aber ständig zurück. Zusammen mit Bacterium linens traten je nach der Beimpfung schwächere oder ebenso starke Abbauerscheinungen auf wie in der Linens-Kontrolle. Auf Quarg wuchs Stamm 6 recht gut, ohne das Eiweiß stark anzugreifen. Bacterium linens wurde in seiner Entwicklung und Wirkung auf Quarg durch Stamm 6 nicht merklich behindert.

Die bei 15° angestellten quantitativen Milchversuche zeigten folgende Ergebnisse (vgl. Tab. 23):

Tabelle 23. *Der Eiweißabbau in Milch durch Stäbchen 6 allein und in Symbiose mit Bacterium linens nach 2 Monaten bei 15°.*

	6 I	6 II	lin. I	lin. II	6+lin. I	6+lin. II	6+lin. III	Kontrolle
Mill. Keime Einsaat	600	600	60	60	600 + 60	300 + 60	150 + 60	0
Löslicher N	10,21	9,96	47,42	48,37	20,31	22,89	23,47	—
Aminosäuren-N . .	1,72	0,77	27,39	27,39	9,26	13,22	12,26	—
Ammoniak-N . . .	0,67	0,57	8,52	8,33	4,31	5,36	5,26	—
Reakt. geg. Lackm.	1,8 $^n/_{10}$-KOH sauer		alkal.	alkal.	alkalisch	alkalisch	alkalisch	2,1 $^n/_{10}$-KOH a. 10 ccm
Farbe	weiß	weiß	orange	orange	schwach orange			—
Bemerkungen . . .	—	—	—	—	Stamm 6 zu etwa 50% neben Bacterium linens auf Platten			—
Geruch	ganz schwach käsig		käsig	käsig	schwach käsig			
Geschmack . . .	ganz schwach käsig-bitter		käsig	käsig	desgl.			

Stamm 6 hatte die Milch äußerlich nicht sichtbar verändert. Nach den Resultaten der chemischen Analysen war eine ganz geringe Eiweißspaltung eingetreten. Es wurden etwa 10% löslicher Stickstoff, 1,1% Aminosäuren- und 0,6% Ammoniak-Stickstoff gefunden. Die Symbiose-Milchen zeigten zu Anfang schnellere und stärkere Verfärbungen als die Linens-Proben. Im weiteren Verlauf des Versuches blieben sie jedoch ganz bedeutend im Abbau zurück, wie aus den Zahlen in der Tabelle hervorgeht. Durch Abimpfung auf Gelatineplatten konnte festgestellt werden, daß Stamm 6 sich recht stark vermehrt hatte und nach

Tabelle 22. Übersicht über die farbstoffbildenden Kurzstäbchen (zweifelhafte Corynebakterien). Dazu zum Vergleich Bacterium linens.

Stamm	Mikroskopisch Bouillon-Federstrich	Kolonie auf Bouillonagar	Wachstum auf Quarg	Wachstum auf Kartoffel	Wachstumsoptimum	Fettspaltung	Nitratreduktion	Verflüssigung von Gelatine Bouillon-	Verflüssigung von Gelatine Traubenzucker-	Verflüssigung von Gelatine Milchzucker-	Verflüssigung von Gelatine Alkali	Verhalten in Milch Gerinnung	Milcheiweißabbau nach 2 Mon. bei 15° Farbe	Milcheiweißabbau nach 2 Mon. bei 15° Löslich. N %	Milcheiweißabbau nach 2 Mon. bei 15° Aminos-N %	Milcheiweißabbau nach 2 Mon. bei 15° NH₃-N %
Bct. linens	Kurzstäbchen, einzeln, zu zweien, selten Fäden 0,4—0,7 × 0,8—2 μ	orange, dick, glänzend, groß	sehr gut	gut	30—20°	+	(+)	++	+	+	+	bei 30 u. 37° am Boden. Reakt.: neutral	orange	48	28	8
5	Kurzstäbchen, Größe sehr verschieden 0,4—0,8 × 0,8—3 μ	orange, dick, glänzend, klein	gut	mäßig	30—20°	—	(+)	+	(+)	(+)	(+)	—	weiß	8,6	0,3	0,25
6	Kurzstäbchen, Größe sehr verschieden 0,4—0,8 × 0,8—3 μ	orange, dick, glänzend, klein	gut	mäßig	20°	—	—	+	(+)	(+)	(+)	bei 30°, teilweise am Boden. Reakt.: neutral.	weiß	10	1,1	0,6

Schätzung ebenso zahlreich vorhanden war wie Bacterium linens. Zur schnelleren Unterscheidung der beiden Stämme diente ihr verschieden starkes Gelatineverflüssigungsvermögen.

Stamm 5

zeigte in seinem Verhalten für sich allein und zusammen mit Bacterium linens in Milch, auf Milchagar und Quarg eine fast völlige Übereinstimmung mit Stamm 6.

Auch bei den quantitativen Bestimmungen über den Eiweißabbau traten nur geringe Unterschiede auf (s. Tab. 24). Die mit Stamm 5 beimpfte Milch war vollkommen weiß und äußerlich unverändert geblieben, die Säure etwas zurückgegangen. Durch die chemischen Analysen wurde eine noch geringere Eiweißspaltung festgestellt als bei Stamm 6. Es waren etwa 8,6% löslicher Stickstoff, Spuren von Aminosäuren- und Ammoniak-Stickstoff gebildet worden. Die Symbiose-Milchen waren nicht viel tiefer abgebaut. Dabei zeigte die mit der größten Menge Keime von Stamm 5 beimpfte Milch die stärksten Hemmungen. Auf Gelatineplatten wurde Bacterium linens und Stamm 5 in etwa gleich großer Zahl nachgewiesen.

Tabelle 24. *Der Eiweißabbau in Milch durch Stäbchen 5 allein und in Symbiose mit Bacterium linens nach 2 Monaten bei 15°.*

	5 I	5 II	lin. I	lin. II	5 + lin. I	5 + lin. II	5 + lin. III	Kontrolle
Mill. Keime Einsaat	500	500	60	60	500 + 60	250 + 60	125 + 60	0
Löslicher N	8,72	8,62	47,42	48,37	12,08	12,08	infiziert	—
Aminosäuren-N	0,38	0,19	27,39	27,39	1,72	4,21		—
Ammoniak-N	0,19	0,28	8,52	8,33	0,86	1,34		—
Reakt. geg. Lackm.	$1,8^{n}/_{10}$-KOH sauer	$1,85^{n}/_{10}$-KOH sauer	alkal.	alkal.	neutral	neutral	—	$2,1^{n}/_{10}$-KOH a. 10 ccm
Farbe	weiß	weiß	orange	orange	schwach orange			—
Bemerkungen	—	—	—	—	Stamm 5 zu etwa 40—50% neben Bct. linens auf Platten nur ganz schwach käsig desgl.			—
Geruch	—	—	käsig	käsig				—
Geschmack	—	—	„	„				—

Bei den quantitativen Symbioseversuchen wurden die Stämme 5 und 6 stets in einer 8—10mal so großen Menge eingesät wie Bacterium linens. Dadurch war die Hemmung in der Entwicklung und im Eiweißabbau bei Bacterium linens zu erklären. Durch die bei den quantitativen Versuchen vorgenommenen Differenzierungen in dem Verhältnis der eingesäten Keimmengen beider Stämme traten besonders bei Stamm 6 bereits geringe entsprechende Unterschiede auf. In einigen anderen Versuchen, bei dem ein für Bacterium linens noch günstigeres Verhältnis der Keimeinsaat gewählt wurde, trat die Störung in der Milchzersetzung gar nicht oder doch nur schwach auf. Eine äußerlich sichtbare Förderung im Abbau wurde jedoch bei keinem Symbioseversuch beobachtet.

III e. Bacterium linens und Coli-Aerogenes-Bakterien (atypische Arten).

Von der Gruppe der Coli-Aerogenes-Bakterien, die in der Käserotschmiere jederzeit vertreten war, kamen nur 2 Stämme zur genaueren Untersuchung, die sich gelegentlich in größerer Zahl auf den Platten beim Isolieren vorfanden. Es waren atypische Stämme, die sich durch ein sehr indifferentes Verhalten auszeichneten. Sie bildeten beide aus Zuckerarten weder Gas noch Säure, färbten sich nicht nach Gram, bildeten kein Indol und vermochten Nitrate nicht zu reduzieren. Auf Kartoffel und auf Quarg wurde kein Wachstum beobachtet; die Veränderungen der Milch waren minimal.

Stamm 4

bildete auf Bouillonagar grünlich-braungelbe Kolonien von nur schwachem Wachstum. In Bouillonfederstrichen wurden kleine Stäbchen beobachtet von etwa 0,5 × 1,5—2 μ, die meist zu zweien zusammenlagen. In sehr wenigen Fällen wurden die Zellen in Bewegung gesehen. Einfache Bouillongelatine wurde nach Wochen schwach verflüssigt, Zuckergelatine nicht verändert.

Dieser Stamm zeigte gewisse Ähnlichkeiten mit den von *Eisenberg*[9] beschriebenen Colivarianten, die dem Bacterium coli luteoliquefaciens nahestehen, und dürfte wohl mit zu dieser Gruppe gehören.

Stamm 3

wuchs auf Bouillonagar in weißen Kolonien. In Bouillonfederstrichen zeigten sich sehr verschiedene Formen. Kleine Stäbchen von 0,5—0,6 × 1,5—2 μ waren in jungen Kulturen häufig, meist in Diploform. In älteren Präparaten kamen gar nicht selten große, runde Zellen vor, kokkenartig, einzeln oder auch in kurzen Ketten von bedeutend größeren Ausmaßen, etwa 1,5—2,5 μ im Durchmesser. Eigenbewegung war nicht vorhanden. In Bouillongelatine trat keine Verflüssigung ein. Stamm 3 wurde als ein indifferenter Vertreter der Gruppe Bacterium aerogenes-pneumoniae *Friedländer*[33] aufgefaßt, deren Arten sich nach Versuchen von *Denys* und *Martin*[6] als sehr variabel in ihren Eigenschaften erwiesen.

Das Verhalten der Stämme 3 und 4 in Milch, auf Milchagar und Quarg allein und zusammen mit Bacterium linens.

Stamm 4.

Innerhalb von 1—2 Monaten wurden in Milch bei Temperaturen von 37—15° keine sichtbaren Veränderungen hervorgerufen. Die Zellen hatten sich jedoch bei 30° schwach vermehrt, und gleichzeitig damit war eine geringe Säurezunahme eingetreten. Der Milchabbau des Bacterium linens wurde durch Stamm 4 anfangs offenbar etwas gestört. Auf Quarg wuchs Stamm 4 allein nicht und vermochte auch nicht den Abbau des Bacterium linens sichtbar zu beeinflussen. Entsprechend seiner geringen Vermehrung in Milch bildete der Stamm auch auf Milchagar nur schwache, gelborange Kolonien, die den Agar auch nach längerer Zeit nicht aufhellten. Eine Beeinflussung des Stammes 4 durch Bacterium linens konnte auf Milchagarplatten nicht beobachtet werden, andererseits regte eine große Kolonie von Stamm 4 umliegende kleine Linens-Kolonien zu etwas stärkerem Wachstum an. Mit den Ergebnissen dieser qualitativen Versuche standen in Einklang die Resultate der quantitativen Milchuntersuchungen (siehe Tab. 25).

Stamm 4 vermehrte sich offenbar unter Ausnutzung der Aminosäuren schwach und bildete dabei etwas Säure. Eine Eiweißspaltung wurde nicht nachgewiesen. Auch der normale Verlauf des Eiweißabbaues von Bacterium linens wurde durch Stamm 4 kaum nachweisbar abgeändert.

Stamm 3.

Auch Stamm 3 brachte in Milch selbst nach Wochen und bei verschiedenen Temperaturen keine sichtbaren Veränderungen hervor. Dabei war jedoch bei 30 **und** 20° eine geringe Zellvermehrung eingetreten und der Säuregrad der Milch **gefallen**.

Tabelle 25. *Der Eiweißabbau in Milch durch Stamm 4 allein und zusammen mit Bacterium linens nach 2 Monaten bei 15°.*

	4 I	4 II	lin. I	lin. II	4+lin. I	4+lin. II	4+lin. III	Kontrolle
Mill. Keime Einsaat	112	112	85	85	112 + 85	56 + 85	28 + 85	0
Löslicher N	− 0,67	− 0,92	45,76	47,49	45,56	45,56	43,53	—
Aminosäuren-N ..	− 1,16	− 1,45	24,33	23,75	22,01	22,30	21,40	—
Ammoniak-N ...	0	0	5,59	5,19	5,50	5,50	4,73	—
Reakt. geg. Lackm.	3,1 $^n/_{10}$-KOH sauer		alkal.	alkal.	alkalisch	alkalisch	alkalisch	2,2 $^n/_{10}$-KOH a. 10 ccm
Farbe	weiß	weiß	orange	orange	orange	orange	orange	—
Bemerkungen ...	—	—	—	—	Stamm 4 auf Platten und direkt mikroskopisch nicht zu erkennen			—
Geruch	unverändert		käsig	käsig	käsig	käsig	käsig	—
Geschmack	„		„	„	„	„	„	—

Besser gedieh Stamm 3 mit Bacterium linens zusammen in Milch und auf Quarg, wenigstens solange der Abbau noch nicht allzuweit vorgeschritten war. Auf Milchagar wuchs 3 nur sehr schlecht als weiße Kolonie. Durch Bacterium linens wurde eine deutliche Förderung im Wachstum beobachtet.

Nach den Resultaten der chemischen Untersuchungen (vgl. Tab. 26) wurde Milcheiweiß durch Stamm 3 praktisch nicht gespalten. In Übereinstimmung mit den Vorversuchen wurde der Eiweißabbau von Bacterium linens in Symbiose gestört. Dabei trat ein mehr gelblichgrauer Farbton auf. Die chemischen Analysen ergaben, daß die Bildung von löslichem Stickstoff und Aminosäuren-Stickstoff stark zurückgeblieben, der Ammoniak-Stickstoff übermäßig hoch angestiegen war.

Tabelle 26. *Der Eiweißabbau in Milch durch Stamm 3 allein und zusammen mit Bacterium linens nach 2 Monaten bei 15°.*

	3 I	3 II	lin. I	lin. II	3+lin. I	3+lin. II	3+lin. III	Kontrolle
Mill. Keime Einsaat	66	66	57	57	66 + 57	33 + 57	16,5 + 57	0
Löslicher N	0,47	0,47	52,49	52,03	41,81	43,01	43,93	—
Aminosäuren-N ..	0,55	0,37	32,41	32,04	13,99	14,73	15,84	—
Ammoniak-N ...	0,09	0,09	8,21	7,91	10,77	11,50	12,15	—
Reakt. geg. Lackm.	1,5 $^n/_{10}$- KOH sauer	1,4 $^n/_{10}$- KOH sauer	alkal.	alkal.	alkalisch	alkalisch	alkalisch	2,2 $^n/_{10}$ KOH a. 10 ccm
Farbe	weiß	weiß	orange	orange	graugelb	grauorange		—
Bemerkungen ...	—	—	—	—	Stamm 3 zu etwa 4—6% auf Platten nachweisbar			—
Geruch	—	—	käsig	käsig	käsig	käsig	käsig	—
Geschmack	—	—	„	„	„	„	„	—

Stamm 3, der sich Milch gegenüber fast indifferent verhielt und der auch auf Milchagarplatten mit Bacterium linens keine außergewöhnlichen Metabioseerscheinungen zeigte, gab ein Beispiel, wie unberechenbar zuweilen sich ein Bacterium beim Eiweißabbau in Symbiose auswirken kann.

IV. Besondere Symbioseerscheinungen.

Im Laufe der Arbeit wurde häufiger bemerkt, daß gewisse Stämme allein oder zusammen mit Bct. linens Milch, Quarg oder Milchagar rot färbten. Da in der Praxis der Käserei Fälle von solchen anormalen Rotfärbungen als Käsefehler vorkommen (vgl. *Peters*[40]), sollen hier meine Beobachtungen kurz mitgeteilt werden. Experimentell war diese Erscheinung sehr schön sichtbar zu machen bei Anwendung von Milchagar in hoher Schicht, am besten in weiten Reagensgläsern. Diese Methode war von *Henneberg* für den gleichen Zweck bei früheren Untersuchungen angewandt. Die betreffenden Stämme wurden auf die Oberfläche aufgeimpft und die in die Tiefe vordringenden Abbau- bzw. Verfärbungszonen beobachtet. Einige in dieser Weise angesetzten Versuche ergaben:

1. Kokkus 13 bildete nach 45 Tagen auf der Oberfläche nur einen dünnen, orange Belag, eine Abbauzone war nicht sichtbar. Bacterium linens hatte etwa 3 cm tief den Agar orange-dunkel verfärbt. Bei Bacterium linens und Kokkus 13 zusammen war die ebenfalls etwa 2—3 cm tiefe Zone ganz deutlich rot.

2. Genau dieselben Erscheinungen wurden beobachtet bei Kokkus 14 und Bacterium linens.

3. Bei Corynebacterium 15 war nach 40 Tagen eine 4 cm dicke rötliche Zone entstanden. Bacterium linens hatte eine 3 cm hohe Agarschicht dunkel verfärbt. Bei Bacterium linens und Corynebacterium 15 zusammen war eine tief dunkelrote Färbung aufgetreten, die sich 6 cm tief in den Agar hinein erstreckte.

Die beiden Corynebakterien 15 und 16 färbten Milch oder Quarg fast regelmäßig rot, was ihrer nahen Verwandtschaft zum Corynebacterium erythrogenes vollauf entspricht. Eine Rotfärbung der Nährböden wurde für Corynebacterium erythrogenes stets als typisch angegeben. Von *Gorini*[19] wurde es als Erreger von roten Streifen in Gorgonzola-Käse genannt. Besonders beachtenswert sind die in Symbiose mit Bacterium linens allein oder verstärkt auftretenden Rotfärbungen. Bei Bacterium linens allein konnte diese Erscheinung bei den sehr zahlreichen Versuchen nur in 2 Fällen, in Milch bei 30 und 37° nach 15 Tagen, beobachtet werden. Die Kulturen waren rein. Bei den Corynebakterien 15 und 16 wurde in Milch fast stets eine intensivere Rotfärbung beobachtet, wenn Bacterium linens gleichzeitig zugegen war.

Die Beobachtung, daß diese eigenartige Erscheinung bei Stämmen auftrat, die das Eiweiß der Milch allein oder in Symbiose mit Bct. linens sehr stark, bis zum Ammoniak, abbauten, führte zu der Annahme, daß durch weitere und besondere Zersetzungen gewisser Eiweißspaltprodukte diese rote Färbung der Nährböden könnte hervorgerufen werden. Es wurde versucht, auf künstlichem Nähragar unter Zusatz der einzelnen Stickstoffquellen ebenfalls eine Rotfärbung hervorzurufen. Als Stickstoffquellen wurden verwandt: Pepton, Tyrosin, Leucin, Glykokoll, Alanin und Asparagin. Auch die Zusammensetzung des Nähragars wurde variiert; er enthielt einmal nur die anorganischen Nährsalze, zum andern die Nährsalze und 2% Milchzucker, in einer dritten Versuchsreihe die Nährsalze und 0,2% Glycerin und schließlich die Nährsalze unter gleichzeitigem Zusatz von Milchzucker und Glycerin. Die Untersuchungen wurden mit den Stämmen Bct. linens, Corynebct. 15 und Kokkus 14 ausgeführt. Die Aufbewahrung der Kulturen geschah bei Tageslicht und außerdem in einer zweiten Versuchsreihe im Dunkeln. Alle Versuche waren ergebnislos. In keinem Falle wurde eine Rotfärbung beobachtet, während die als Kontrolle aufgestellten Milchagarröhrchen diese Erscheinung deutlich zeigten.

Auf jeden Fall aber ist in der Praxis beim Auftreten von anormalen Rotfärbungen im Käse auch mit der Möglichkeit symbiotischer Vorgänge zu rechnen, wobei auch Bct. linens, der sonst so erwünschte Käserotschmierepilz, eine schädliche Rolle spielen kann.

Zusammenfassung.

Von den auf der Oberfläche gewisser Käsesorten vorkommenden Rotbakterien wird nach von *Wolff* eingeleiteten Untersuchungen Bct. linens als besonders wichtig und wertvoll für den Prozeß der Käsereifung bei Weichkäsesorten angesehen. Reinkulturen dieser Bakterien werden auch heute als „Kieler Rotkultur" zum Streichen der Käse empfohlen und abgegeben. Bei dem durch das Mit- und Nacheinanderwirken von verschiedenen Gruppen von Mikroben sehr komplizierten Prozeß der Käsereifung kommt den Rotbakterien nur ein gewisser Anteil zu. Selbst bei Anwendung von Bct. linens-Reinkulturen zum Streichen der Käse kommt es in der Praxis stets zu einem Zusammenarbeiten von Bct. linens mit der durch ihre Fermente tätigen Flora des Käseinnern einerseits, und von Bct. linens mit den auf der Oberfläche stets vorhandenen Mikroben andererseits.

Zur näheren Erforschung dieser Verhältnisse wurden Untersuchungen ausgeführt über Bct. linens und einige mit ihm zusammen vorkommende Bakterien. Es wurde dabei besonders berücksichtigt der Eiweißabbau in Milch bei den einzelnen Arten für sich und zusammen mit Bct. linens. Die von mir isolierten und näher bearbeiteten Bakterien gehörten zu folgenden Gruppen: 1. Milchsäurebakterien, 2. Mikrokokken, 3. Corynebakterien, 4. farbstoffbildende Kurzstäbchen (zweifelhafte Corynebakterien) und 5. Coli-Aerogenes-Bakterien (atypische Arten). Die für die Untersuchungen über den Eiweißabbau angewandte Methode der Bestimmung gewisser charakteristischer Gruppen von Spaltprodukten erwies sich als recht brauchbar. Der gebildete lösliche Stickstoff zeigte den Umfang der Proteolyse an, durch den Pepton-, Aminosäuren- und Ammoniak-Stickstoff wurden Einzelheiten über die Art und die Tiefe des Abbaues erkannt. Der Pepton-Stickstoff wurde nur bei den Untersuchungen über Bacterium linens bestimmt. Nur durch die Bestimmung mehrerer solcher Gruppen war ein übersichtliches Bild über den Verlauf der Eiweißzersetzung zu gewinnen.

Die bisherigen Studien über Bct. linens wurden durch chemische Untersuchungen über den Eiweißabbau in Milch erweitert. Nach

2 Monaten Aufbewahrung bei der Käsereifungstemperatur von 15° wurde ein ganz umfangreicher und für Bct. linens typischer Eiweißabbau festgestellt. Es waren etwa 50% löslicher Stickstoff, 28% Aminosäuren-Stickstoff und 7% Ammoniak-Stickstoff gebildet worden. Bei höheren Temperaturen und bei Kreidezusatz trat stets eine beträchtliche Vermehrung des Ammoniak-Stickstoffs ein. Maximal wurden etwa 50% löslicher Stickstoff und 30% Aminosäuren-Stickstoff gefunden, bei länger währenden Versuchen gingen die Werte für beide Gruppen wieder zurück, während der Ammoniak-Stickstoff weiter zunahm.

Die in dieser Arbeit sonst behandelten, in der Farbstoffbildung dem Bct. linens sehr ähnlichen Stämme, Corynebct. 17, Säure-Lab-Kokkus 12 und die Kurzstäbchen 6 und 5, die auch auf Quarg mehr oder weniger gut gediehen, zeigten bei den Versuchen in Milch weder eine so schöne Aromabildung noch einen so tief und gleichmäßig verlaufenden Abbau wie Bct. linens.

Zwischen Bct. linens und einigen seiner Begleitorganismen konnten in Versuchen auf Milchagarplatten Wechselwirkungen festgestellt werden, die in einer Wachstumsförderung oder -hemmung zum Ausdruck kamen. Zuweilen traten außerdem besondere Aufhellungszonen auf, die auf eine in Symbiose verstärkte Caseinzersetzung zurückzuführen waren. Mit einer gegenseitigen Beeinflussung im Wachstum zwischen Bct. linens und einem der übrigen Stämme war aber keineswegs stets eine deutliche Veränderung im Milcheiweißabbau festzustellen: Bei Bct. linens und Kokkus 8 traten auf Milchagarplatten typische Metabioseerscheinungen auf, die Eiweißspaltung in Milch verlief in Symbiose wie bei Bct. linens allein. Kokkus 7 und die beiden Corynebakterien 15 und 16 zeigten auf Platten mit Bct. linens zusammen in fast der gleichen Weise eine verstärkte Caseinzersetzung. Der entsprechende in Milch verlaufende Eiweißabbau führte zu ganz verschiedenen Resultaten.

Die Plattenversuche dienten lediglich zur Demonstration von Metabiose und Antagonismus. Bestimmte Zusammenhänge mit den auf Milchagarplatten beobachteten Symbioseerscheinungen und den Resultaten beim Eiweißabbau in Milch waren nicht festzustellen. Fast jeder Stamm zeigte hier sein besonderes Verhalten.

Die Eiweißzersetzung des Bct. linens wurde in Symbiose in folgender Weise abgeändert:

1. Zwei Arten bewirkten eine erhebliche Erweiterung im Umfang des Abbaus durch Vermehrung des löslichen Stickstoffs über die sonst für Bct. linens maximal gefundene Menge. Es waren die beiden bei saurer Reaktion Eiweiß zersetzenden Stämme Säure-Lab-Kokkus 7 und Streptobacterium casei var. 1.

2. Durch tiefere Spaltung der Eiweißkörper kam es zur Bildung einer übermäßig großen Menge Ammoniak-Stickstoffs. Der lösliche Stickstoff wurde dabei nicht vermehrt oder zum Teil sogar etwas ver-

ringert. Besonders hohe Ammoniakwerte wurden in Symbiose mit Corynebct. 17 und Kokkus 9 erhalten, 2 Stämme, die Milch bei stark alkalischer Reaktion zersetzten. Auch der aerogenesähnliche Stamm 3, der in Milch bei ganz minimaler Eiweißspaltung einen schwachen Säurerückgang bewirkte, beeinflußte in Symbiose den Abbau des Bct. linens in derselben Richtung. Im übrigen trat eine geringe Vermehrung des Ammoniak-Stickstoffs häufiger ein bei verschiedenen Säure-Lab-Kokken, z. B. bei Stamm 11 und 14.

3. Einige Bakterien, die die normale Entwicklung des Bct. linens störten, bewirkten damit, soweit es sich um schwach peptonisierende Arten handelte, eine mehr oder weniger weitgehende Hemmung der Eiweißzersetzung im allgemeinen. Diese Erscheinungen traten besonders deutlich hervor bei den Kurzstäbchen 5 und 6, bei den Corynebakterien 18 und 19 und bei Kokkus 13. Die beiden Eiweiß in ähnlicher Weise, aber bedeutend stärker als Bct. linens spaltenden Corynebakterien 15 und 16 lenkten den Abbau bei Unterdrückung der Linensstäbchen in den Milchen ganz in ihrem Sinne.

Bei den Symbioseversuchen wurde besonders Wert gelegt auf das zahlenmäßige Verhältnis der Keimeinsaat beider Stämme. Bakterien, die sich in Milch langsamer vermehrten als Bct. linens, wurden möglichst in größerer Menge eingesät. Umgekehrt wurden sich sehr schnell entwickelnde Stämme in geringerer Keimzahl mit Bct. linens zusammengebracht. Die bei der Beimpfung weiterhin durchgeführte Differenzierung der relativen Keimeinsaat machte sich bei den Analysen nach 2 Monaten nur in 2 Fällen, bei Stamm 14 und 20, noch sehr deutlich bemerkbar. Durch die im allgemeinen aber erst bei größeren Unterschieden in der Beimpfung auftretenden Veränderungen im Abbau gewannen die hier angestellten Versuche eine mehr allgemeine Bedeutung.

Bei den vergleichenden Symbioseversuchen auf Quarg traten zum Teil ganz ähnliche Veränderungen auf wie bei den entsprechenden Milchkulturen. Es ist daher wohl anzunehmen, daß ganz ähnliche Verhältnisse auch auf dem Käse vorkommen.

Im Interesse der Praxis ist daher besonders hervorzuheben, daß in 2 Fällen Säureproteolyten (Stamm 1 und 7) den Nährboden für ein gutes Gedeihen des Bct. linens und für einen erweiterten Eiweißabbau vorbereiteten, während durch den reinen Säurebildner (Stamm 2) und durch die anderen Säure-Lab-Kokken (Stamm 11 und 14) das Gegenteil bewirkt wurde. Es wäre zu versuchen, durch Herstellung von Käse aus möglichst keimfreier, pasteurisierter Milch unter Verwendung von Reinkulturen der Stämme 1 und 7 zur Säuerung und des Bct. linens zum Streichen der Käse zu einem stets gleichmäßigen und guten Fabrikat zu gelangen.

Da alle übrigen hier untersuchten Stämme weder das Wachstum noch den Eiweißabbau des Bct. linens in wünschenswerter Weise förderten, sollten sie möglichst von der Käserinde fern gehalten werden.

Dies könnte wohl zum Teil ebenfalls durch die Pasteurisierung der Käsemilch erreicht werden, da viele Bakterienarten durch die Milch in den Käse gelangen. Auch die beiden Corynebakterien 15 und 16, die an sich Eiweiß sehr weitgehend zersetzten, dürften weder allein noch mit Bct. linens zusammen zum Streichen der Käse in Frage kommen, da sie bei den Versuchen fast stets eine starke Rotfärbung im Nährsubstrat hervorriefen und dadurch leicht Käsefarbfehler verursachen könnten. Besonders auffällig waren die in Symbiose mit Bct. linens und Kokkus 13 und 14 auftretenden Rotfärbungen in Milchagar sowie die bei den Corynebakterien 15 und 16 zusammen mit Bct. linens stets sehr wesentlich verstärkten Verfärbungen. In der Praxis ist demnach beim Auftreten anormaler Rotfärbungen im Käse auch mit der Möglichkeit symbiotischer Vorgänge zu rechnen, wobei auch Bct. linens eine schädliche Rolle spielen kann.

Die Corynebakterien in ihren verschiedenen Formen.

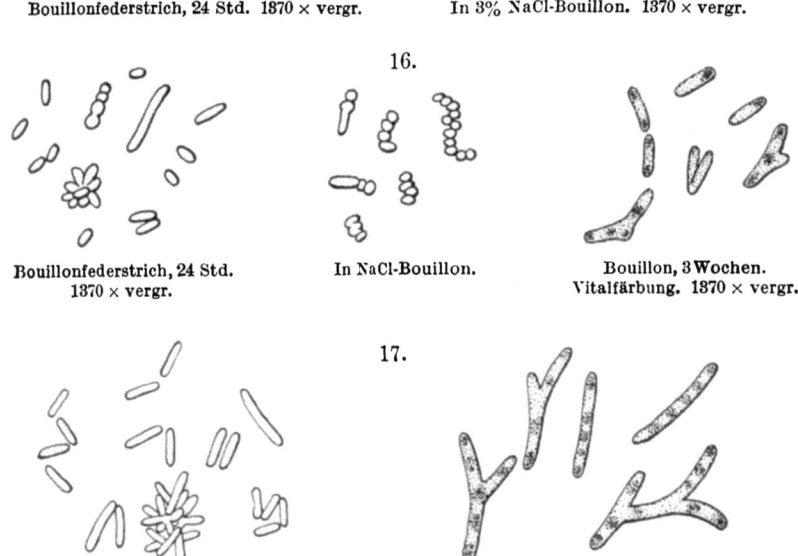

15.

Bouillonfederstrich, 24 Std. 1870 × vergr.   In 3% NaCl-Bouillon. 1370 × vergr.

16.

Bouillonfederstrich, 24 Std. 1370 × vergr.   In NaCl-Bouillon.   Bouillon, 3 Wochen. Vitalfärbung. 1870 × vergr.

17.

Bouillonfederstrich, 24 Std. 1370 × vergr.   Milchkultur, 2 Monate alt. Vitalfärbung. 1500 × vergr.

18.

Frische Bouillonkultur. 1370 × vergr.

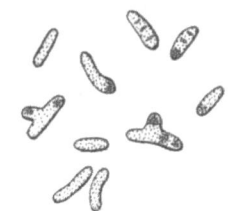
Bouillonkultur, 3 Wochen alt. Vitalfärbung. 1370 × vergr.

19.

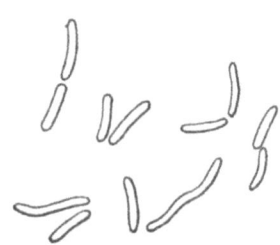
Bouillonfederstrich, 24 Std. 1370 × vergr.

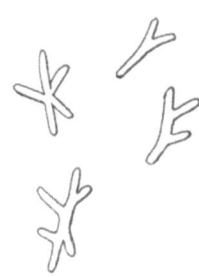
In Milch nach 2 Monaten. 1870 × vergr.

20.

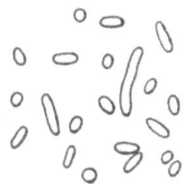
Bouillonkultur, 24 Std. 1370 × vergr.

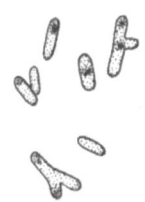
Bouillonagarkultur, 3 Wochen alt. Vitalfärbung. 1370 × vergr.

Literaturverzeichnis.

[1] *Almquist* und *Koraen*, Z. Hyg. **85**, 347. — [2] *Auerbach*, Über die Ursachen der Hemmung der Gelatineverflüssigung durch Bakterien durch Zuckerzusatz. Zbl. Bakter. II **4**, 492; Arch. f. Hyg. **21**, 311. — [3] *Barthel*, Das caseinspaltende Vermögen von zur Gruppe Streptococcus lactis gehörenden Milchsäurebakterien. Zbl. Bakter. II **44**. — [4] *Barthel* und *Sandberg*, Weitere Versuche über das caseinspaltende Vermögen von der zur Gruppe Streptococcus lactis gehörenden Milchsäurebakterien. Zbl. Bakter. II **49**. — [5] *Boekhout* und *de Vries*, Zbl. Bakter. II **33**, zit. nach *Lehmann-Neumann*. — [6] *Denys* und *Martin*, La Cellule IX. 1893, zit. nach *Lehmann-Neumann*. — [7] *Eijkmann*, Über Enzyme bei Bakterien und Schimmelpilzen. Zbl. Bakter. I **29**. — [8] *Eijkmann*, Milchagar als Medium zur Demonstration der Erzeugung proteolytischer Enzyme. Zbl. Bakter. II **10**. — [9] *Eisenberg*, Untersuchungen über die Variabilität der Bakterien. Zbl. Bakter. I Orig. **80**. — [10] *Enderlein*, Bakterien-Cyclogenie 1925. — [11] *Engel* und *Schlag*, Beiträge zur Kenntnis des Colostrums der Kuh. Milchwirtsch. Forschgn **2** (1925). — [12] *Evans*, *Hastings* und *Hart*, Zbl. Bakter. II **36**, zit. nach *Lehmann-Neumann*. — [13] *Evans* und *Hastings*, Die Rolle der Milchsäure bildenden Bakterien

bei der Fabrikation und Reifung des Chedderkäses. Zbl. Bakter. II **44**. — [14] *v. Freudenreich* und *Thöni*, Über die in der normalen Milch vorkommenden Bakterien und ihre Beziehungen zu dem Käsereifungsprozesse. Zbl. Bakter. II **10**. — [15] *Garrè*, Korresp.bl. Schweiz. Ärzte **1887**. — [16] *Gorini*, Zbl. Bakter. II **21**, 309. — [17] *Gorini*, Zbl. Bakter. II **32**, 406. — [18] *Gorini*, Über die Euterkokken. Milchwirtsch. Forschgn **3**. — [19] *Gorini*, Atti Accad. naz. Lincei, S. V. **15**, 5, zit. nach *Peters*. — [20] *Grimmer* und *Prinz*, Zur Mykologie des Tilsiter Käses. Forschgn u. Fortschr. **1** (1921). — [21] *Grimmer*, Milchwirtschaftliches Praktikum. 1926. — [22] *Grimmer* und *Brand*, Zur Biochemie des B. mesentericus in Symbiose mit Paraplectum foetidum. Milchwirtsch. Forschgn **4**. — [23] *Grimmer* und *Aronson*, Zur Mykologie des Tilsiter Käses. Milchwirtsch. Forschgn 4 (1927). — [24] *Grimmer*, *Bodschwinna* und *Lignau*, Milchwirtsch. Forschgn **1**, 375. — [25] *Grotenfeld*, Fortschr. Med. **1889**, Nr 2. — [26] *Henneberg*, Handbuch der Gärungsbakteriologie **1** (1926). — [27] *Henneberg*, Handbuch der Gärungsbakteriologie **2** (1926). — [28] *Huesmann*, Morphologie und Physiologie einiger für die Käserei wichtigen Kahmhefen. Milchwirtsch. Forschgn **3** (1926). — [29] *Jensen, Orla*, The lactic acid Bacteria 1919. Det Kongelige Danske Videnskabernes Selskabs Skriften 5. — [30] *Jensen, Orla*, Zbl. Bakter. II **32**. — [31] *Kisskalt* und *Berend*, Untersuchungen über die Gruppe der Corynebakterien. Zbl. Bakter. I Orig. **81**. — [32] *Lafar*, Handbuch der technischen Mykologie **1**, 501 (1908). — [33] *Lehmann-Neumann*, Bakteriologische Diagnostik **2** (1927). — [34] *Löhnis*, Vorlesungen über landwirtschaftliche Bakteriologie. 1913. — [35] *Mazé*, Technique Fromagère. Ann. Inst. Pasteur **1910**. — [36] *Mellon*, Zbl. Bakter. I Ref. **72**. — [37] *Migula*, System der Bakterien **2** (1900). — [38] *de Negri*, Fol. microb. **1916**, zit. nach *Lehmann-Neumann*. — [39] *Oppenheimer*, Die Fermente und ihre Wirkungen **2**. — [40] *Peters*, Untersuchungen über Vorkommen und Bedeutung von farbstoffbildenden Bakterien in der Schmiere von Weichkäse. Göttingen: Diss. 1924. (Arbeit aus dem Bakteriologischen Institut der Forschungsanstalt, Kiel.) — [41] *Pringsheim*, Über gegenseitige Schädigung und Förderung von Bakterien. Zbl. Bakter. II **51**. — [42] *van Slyke*, Die Analyse von Eiweißkörpern durch Bestimmung der chemisch charakteristischen Gruppen der verschiedenen Aminosäuren. Abderhalden Abt. I, Tl. 7, S. 53. — [43] *Spirig*, Studien über den Diphtheriebacillus. Z. Hyg. **42**. — [44] *Thöni*, Beitrag zur Kenntnis der Bakterienflora von nach Emmentalerart bereiteten Käsen in verschiedenen Reifungsstadien. Zbl. Bakter. II **25**. — [45] *Trüper*, Über Milchzucker vergärende Hefen der Rohmilch. Kiel: Diss. 1928. — [46] *Weigmann*, Pilzkunde der Milch. **1924**. — [47] *Wolff*, Welche Mikroben beteiligen sich an der Bildung des rotgelben Farbstoffes auf der Oberfläche der Käse im Reifungskeller. Milchwirtsch. Zbl. **1909**. — [48] *Wolff*, Zur Kenntnis der Veränderungen in der Bakterienflora der frischen Milch während des sogenannten Inkubationsstadiums. Zbl. Bakter. II **20**. — [49] *Wolff*, Über die Flora der frischen und pasteurisierten Milch einer Viehherde bei Weidegang und Stallhaltung. Forschgn u. Fortschr. **1** u. **2**. — [50] *Wolff*, Milchwirtschaftliche Bakteriologie. Zbl. Bakter. II **28**. — [51] *Zimmermann*, Die Bakterien unserer Trink- und Nutzwässer. 1. Reihe 1890.

Diese Arbeit wurde im Bakteriologischen Institut der Preußischen Forschungsanstalt für Milchwirtschaft in Kiel angefertigt und am 5. Januar 1929 beendet. Meinem hochverehrten Lehrer, Herrn Professor Dr. Henneberg, sage ich für die Überlassung des Themas und das Interesse bei der Ausführung der Arbeit meinen verbindlichsten Dank.

Lebenslauf.

Ich, *Fritz Willi Karl Steinfatt,* evangelischer Konfession, wurde am 12. März 1904 in Schwerin als Sohn des Eisenbahnobersekretärs Carl Steinfatt geboren. Von 1913 an besuchte ich das Landesrealgymnasium zu Schwerin und bestand daselbst im März 1922 die Reifeprüfung. Darauf begann ich meine pharmazeutische Lehrzeit in Schwerin, die zum 1. April 1924 mit dem Vorexamen abgeschlossen wurde. Das folgende Jahr war ich in der Adler-Apotheke in Lübeck tätig. Zum Sommersemester 1925 bezog ich die Universität München. Vom Wintersemester 1925/26 an studierte ich in Kiel und bestand im Mai 1927 das pharmazeutische Staatsexamen. Darauf setzte ich mein bakteriologisches Studium fort, das ich im Sommersemester 1926 bei Herrn Professor Dr. Henneberg begonnen hatte.

Meine akademischen Lehrer waren die Herren Professoren und Dozenten: Paul, v. Goebel, Wien und Willstätter in München, Baur, Diels, Geiger, Henneberg, Kossel, Korff-Petersen, Mumm, Rosenmund und Tischler in Kiel.

MIX
Papier aus verantwortungsvollen Quellen
Paper from responsible sources
FSC® C105338

If you have any concerns about our products,
you can contact us on
ProductSafety@springernature.com

In case Publisher is established outside the EU,
the EU authorized representative is:
**Springer Nature Customer Service Center GmbH
Europaplatz 3, 69115 Heidelberg, Germany**

Printed by Libri Plureos GmbH
in Hamburg, Germany